物 理

学习指导与训练

第一册

《物理》编写组 编

修订版

苏州大学出版社

图书在版编目(CIP)数据

物理学习指导与训练.第一册/刘爱武主编;《物理》编写组编.—修订本.—苏州:苏州大学出版社,2019.4(2023.6重印)

教育部职业教育与成人教育司推荐教材　五年制高等职业教育文化基础课教学用书

ISBN 978-7-5672-2799-6

Ⅰ.物… Ⅱ.①刘…②物… Ⅲ.①物理学－高等职业教育－教学参考资料 Ⅳ.①O4

中国版本图书馆CIP数据核字(2019)第091471号

物理学习指导与训练(第一册)·修订版
《物理》编写组　编
责任编辑　周建兰

苏州大学出版社出版发行
(地址:苏州市十梓街1号　邮编:215006)
常州市武进第三印刷有限公司印装
(地址:常州市武进区湟里镇村前街　邮编:213154)

开本 787mm×1092mm　1/16　印张9.75　字数231千
2019年6月第1版　2023年6月第11次印刷
ISBN 978-7-5672-2799-6　定价:25.00元

苏州大学版图书若有印装错误,本社负责调换
苏州大学出版社营销部　电话:0512-67481020
苏州大学出版社网址　http://www.sudapress.com
苏州大学出版社邮箱　sdcbs@suda.edu.cn

编写说明

本书是与苏州大学出版社出版的五年制高职《物理》(第一、二册)配套使用的学生学习指导用书.

本书的编写目的是帮助五年制高职学生在学好物理教材的基础上提高学习效果.在编写过程中本着加强基本知识、重视技能训练的原则;以有利于培养学生的学习兴趣与爱好,有利于培养学生的创新意识与创新精神,有利于学生掌握重点与难点知识,有利于学生对物理知识的理解并完成知识的迁移,有利于全面落实知识、理论、态度、方法的和谐统一为培养目标;使学生在学习中学会联系本学科的知识,能分析、应用和解决一些实践问题.

根据大纲的规定,本书以授课的单元划分来编写内容,这样做的目的是便于学生在阅读中更有针对性.每单元分为知识综述、例题分析、同步练习三大部分."知识综述"是本单元知识的要点,并不苛求与教材内容排列一致,而是更强调知识的内在联系与提高."例题分析"以典型例题为主,尽量避免烦琐的计算,更突出物理概念的理解与应用."同步练习"除了精选部分与教材相呼应的传统习题外,还增设了部分开放性、研究型的课题,这些题的答案可能并不是唯一的,但可以使学生在讨论中提高综合应用物理知识的能力,突破学科体系,有利于学生多角度思考"边缘"问题.每单元的同步练习题数因需而定,不受限制,有则多些,无则少些,以实用为原则.学生在上课前后都可以自学,以提高课堂教学的效率.本书每章最后还配以"本章自测题",学期末配两份"期末测试题".学生可以根据自己的需求选做或全做,测试自己对教材内容的理解程度,同时也可作为自己的复习练习.为使用方便,本书采取与教材同步的方式,全书分第一册、第二册.书中带"﹡"的题目为难度较高内容,学生可选做.

本书第一版由王荣成、李石熙为主编,刘盛焃为副主编,袁望曦为主审.参加历次编写、修订的人员有丁建华、王苏冶、吴燕、张必赋、张爱华、袁望曦、程望.

近年来,我们在广泛征求使用本书一线教师意见的基础上,根据当前生源的实际情况与市场需求,再次对该书进行了修订.本书修订版由刘爱武主编,参加本次编写、修订工作的有艾德臻、孟宪辉、刘建云、王蔚、季晴、陈海青、蔡万祝、谢智娟、陈正新、倪年朋、成永志.

限于我们的水平,书中难免有不妥之处,敬请读者批评指正.

编 者

2019 年 3 月

目 录

第1章 光的折射
- 1.1 光的折射 折射率 …… (1)
- 1.2 全反射 光导纤维 …… (4)
- 1.3 透镜 透镜成像作图 …… (7)
- 1.4 透镜成像公式 …… (9)
- 1.5 常用光学仪器 …… (9)
- 本章自测题 A …… (13)
- 本章自测题 B …… (16)

第2章 力
- 2.1 力 …… (19)
- 2.2 重力 …… (19)
- 2.3 弹力 …… (19)
- 2.4 摩擦力 …… (19)
- 2.5 共点力的合成 共点力的平衡 …… (23)
- 2.6 力的分解 …… (26)
- 2.7 物体受力分析 …… (26)
- 2.8 力矩 力矩的平衡 …… (26)
- 本章自测题 A …… (33)
- 本章自测题 B …… (35)

第3章 匀变速运动
- 3.1 描述运动的一些概念 …… (38)
- 3.2 速度 …… (38)
- 3.3 加速度 …… (41)
- 3.4 匀变速直线运动的规律 …… (45)
- 3.5 自由落体运动 …… (51)
- 3.6 平抛运动 …… (51)
- 本章自测题 A …… (56)
- 本章自测题 B …… (57)

第4章 牛顿运动定律 动量守恒定律
- 4.1 牛顿第一定律 …… (61)
- 4.2 牛顿第三定律 …… (61)

4.3 牛顿第二定律 ……………………………………………………………… (64)
4.4 牛顿运动定律的应用 ………………………………………………………… (67)
4.5 动量 动量定理 ……………………………………………………………… (72)
4.6 动量守恒定律 反冲运动 …………………………………………………… (72)
  本章自测题 A ………………………………………………………………… (75)
  本章自测题 B ………………………………………………………………… (77)

第 5 章 功和能

5.1 功 ……………………………………………………………………………… (81)
5.2 功率 …………………………………………………………………………… (81)
5.3 能 动能 动能定理 …………………………………………………………… (85)
5.4 势能 …………………………………………………………………………… (88)
5.5 机械能守恒定律 ……………………………………………………………… (88)
  本章自测题 A ………………………………………………………………… (94)
  本章自测题 B ………………………………………………………………… (96)

第 6 章 周期运动

6.1 周期运动的概述 ……………………………………………………………… (100)
6.2 匀速圆周运动 ………………………………………………………………… (100)
6.3 向心力 ………………………………………………………………………… (102)
6.4 万有引力定律 ………………………………………………………………… (102)
6.5 空间技术 ……………………………………………………………………… (102)
6.6 简谐运动 ……………………………………………………………………… (106)
6.7 单摆和单摆的周期 …………………………………………………………… (106)
6.8 共振现象 ……………………………………………………………………… (106)
  本章自测题 A ………………………………………………………………… (111)
  本章自测题 B ………………………………………………………………… (113)

第 7 章 物态 物体的内能

7.1 气体的状态参量 ……………………………………………………………… (115)
7.2 理想气体的状态方程 ………………………………………………………… (115)
7.3 物体的内能 热力学第一定律 ……………………………………………… (120)
7.4 晶体 非晶体 液晶 …………………………………………………………… (120)
7.5 流体的连续性原理 …………………………………………………………… (122)
7.6 伯努利方程 …………………………………………………………………… (122)
  本章自测题 A ………………………………………………………………… (125)
  本章自测题 B ………………………………………………………………… (126)

期末测试题 A ……………………………………………………………………… (129)

期末测试题 B ……………………………………………………………………… (131)

参考答案 …………………………………………………………………………… (134)

第1章 光的折射

1.1 光的折射 折射率

一、知识综述

光的折射定律是本章的基础知识,几何光学中的许多概念和公式都是从它派生出来的.

(一)折射定律公式

如图 1.1 所示,

$$\frac{\sin\alpha_1}{\sin\alpha_2}=\frac{v_1}{v_2}=常数.$$

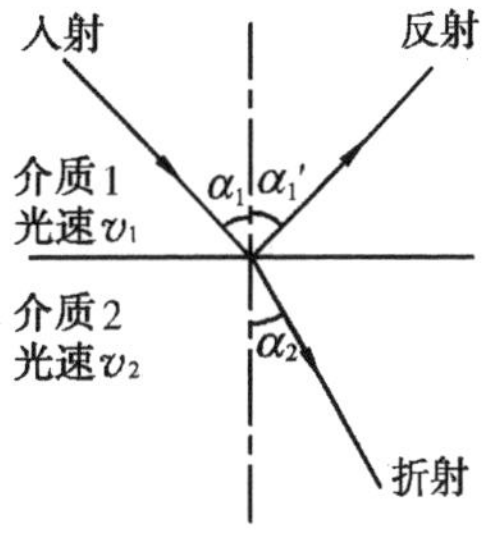

上式说明:

(1)光被折射的程度取决于两种介质中光速的比值,并且在光速较大的介质(疏介质)中光线与法线的夹角较大,在光速较小的介质(密介质)中光线与法线的夹角较小.

(2)折射光路具有可逆性.

真空(空气)相对于其他介质而言,它总是疏介质.

图 1.1

(二)折射率

以真空(空气)为同一个比较对象,光从真空(空气)射入其他介质时,该介质的折射率定义为

$$n_介=\frac{\sin\alpha_空}{\sin\alpha_介}.$$

根据折射定律,折射率还可以定义为

$$n_介=\frac{c}{v_介}.$$

式中 $c=3\times10^8$ m/s.

(三)折射定律的应用

1. 玻璃三棱镜.

来自空气中的入射光被玻璃三棱镜折射后再进入空气时,由于玻璃相对于空气是密介质,这使得光要向三棱镜的底边偏折.请你通过作图研究:① 当改变三棱镜的顶角时,

折射光线的偏向角将如何变化？② 密介质三棱镜和疏介质三棱镜中，光的偏折方向有何不同？

2. 玻璃平行板.

来自空气中的入射光经玻璃平行板折射后再射向空气时，要产生侧向平移. 请你用作图的方法，研究玻璃的厚度对侧向平移的影响.

二、例题分析

例 1 如图 1.2 所示是光线由空气射入某种介质时的折射情况，请你根据图中给出的数据，计算这种介质的折射率和光在这种介质中的传播速度.

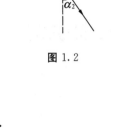

图 1.2

分析与解答

由于命题没有直接给出光的入射角和折射角，需根据已知条件，先求出入射角和折射角：

$$\alpha_1 = 90° - 30° = 60°, \quad \alpha_2 = 90° - 55° = 35°.$$

由折射定律 $n_1 \sin\alpha_1 = n_2 \sin\alpha_2$，得 $n_2 = \dfrac{\sin 60°}{\sin 35°} n_1 \approx 1.51$.

由折射率公式 $n_2 = \dfrac{c}{v_2}$，得 $v_2 = \dfrac{3 \times 10^8}{1.51}$ m/s $\approx 1.99 \times 10^8$ m/s.

例 2 水族馆里游客隔着水池的玻璃墙能观赏到海豹的活动. 已知玻璃和水的折射率分别为 $n_\text{玻} = 1.55$ 和 $n_\text{水} = 1.33$，如果玻璃墙的厚度 $l = 1$ cm，当海豹从水中向玻璃反射出一条入射角 $\alpha_\text{水} = 46°$ 的光线时(图 1.3)，试求：

(1) 玻璃中的折射角 $\alpha_\text{玻}$ 是多少？

(2) O' 点相对于 O 点侧向移动的距离 d 是多少？

(3) 光线经过玻璃墙的折射后是否发生了侧向平移？如果不是平移，偏转了多少度？

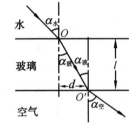

图 1.3

分析与解答

(1) 由于命题没有给出水和玻璃中的光速，如果要运用公式 $\dfrac{\sin\alpha_\text{水}}{\sin\alpha_\text{玻}} = \dfrac{v_\text{水}}{v_\text{玻}}$，就必须先利用折射率 $n = \dfrac{c}{v}$ 求出水和玻璃中的光速.

此外，本题还可以直接运用下式来求解：

$$n_\text{水} \sin\alpha_\text{水} = n_\text{玻} \sin\alpha_\text{玻},$$

得

$$\sin\alpha_\text{玻} = \dfrac{n_\text{水} \sin\alpha_\text{水}}{n_\text{玻}} = \dfrac{1.33 \times \sin 46°}{1.55} \approx 0.617, \quad \alpha_\text{玻} \approx 38°.$$

(2) 解直角三角形，得 $d = l \times \tan 38° \approx 0.78$ cm.

(3) 由于玻璃两侧分别是水和空气这两种不同的介质，所以光线不会侧向平移.

由 $n_\text{玻} \sin\alpha_\text{玻} = n_\text{空} \sin\alpha_\text{空}$，得

第1章 光的折射

$$\sin\alpha_{空} = \frac{n_{玻}}{n_{空}} \cdot \sin\alpha_{玻} = \frac{1.55 \times \sin 38°}{1.00} \approx 0.954, \quad \alpha_{空} \approx 73°.$$

光线经两次折射后偏转 $73° - 46° = 27°$. 人在空气中看到的是海豹的虚像.

例 3 利用一个直圆柱筒,可以简易测量水的折射率. 图 1.4 中筒的内径 $\overline{BD} = 13$ cm,筒内壁有一根直尺,尺的零刻度跟筒口重合. 筒内不盛水时,在 S 处经过筒口的 O 点能看到的最低刻度是 10 cm(A 点). 筒内盛满水之后,能看到的最低刻度是 17 cm(B 点). 由此可测出水的折射率是多少?

分析与解答

由于从水中 B 点射向 O 点的光线沿 OS 方向折射,所以眼睛沿 SO 方向只能看到水中 B 处刻度的虚像,该虚像成在 SO 的延长线上 A 处(水中 A 处刻度的虚像成在 A 点的上方,图中未画). 根据折射光路的可逆性,SO 就可看成是空气中的入射光线,OB 则为水中的折射光线,所以水的折射率为

$$n_{水} = \frac{\sin\alpha_{空}}{\sin\alpha_{水}} = \frac{\frac{\overline{AC}}{\overline{AO}}}{\frac{\overline{BD}}{\overline{BO}}} = \frac{\overline{BO}}{\overline{AO}} = \frac{\sqrt{\overline{BD}^2 + \overline{OD}^2}}{\sqrt{\overline{AC}^2 + \overline{OC}^2}} = \frac{\sqrt{13^2 + 17^2}}{\sqrt{13^2 + 10^2}} \approx 1.3.$$

三、同步练习

(一) 判断题

1. 由于大气层的分布不是均匀的,所以严格地讲,太阳光并不是沿直线传播到地球上的. ( )
2. 当光从真空或空气射入其他介质中时,折射角可能大于也可能小于入射角. ( )
3. 光在同一种均匀介质中是沿直线传播的. ( )
4. 光从一种介质进入另一种介质时,在密介质中光线与法线的夹角大于疏介质中光线与法线的夹角. ( )
5. 折射率大于 1 的是密介质,折射率小于 1 的是疏介质. ( )

(二) 填空题

1. 空气中有一块玻璃三棱镜,当光从空气进入此三棱镜时,光线向该棱镜三角形截面的_____边偏折.
2. 若光以 60° 的入射角从甲介质射入乙介质中时,折射角是 45°,若甲介质中的光速为 2.5×10^8 m/s,则乙介质中的光速为_____.
3. 在折射率为 1.5 的介质中,光的传播速度为_____ m/s.

(三) 作图题

一束光从空气射向透明平行板(图 1.5),若保持入射点不变而使入射角在 $0 < \alpha < 90°$ 范围内逐渐增大时,试用作图法说明从平行板射出的光侧向平移将如何变化.

图 1.5

（四）选择题

1. 下列关于各种介质对真空的折射率的说法正确的是　　　　　　　　　　〔　　〕
   A. 一定大于1,空气的折射率可近似等于1
   B. 一定小于1
   C. 可能大于1,也可能小于1
   D. 严格等于1

2. 清水池内有一硬币,人站在岸边看到的是　　　　　　　　　　　　　　〔　　〕
   A. 硬币的实像,比硬币的实际深度浅　　B. 硬币的实像,比硬币的实际深度深
   C. 硬币的虚像,比硬币的实际深度浅　　D. 硬币的虚像,比硬币的实际深度深

3. 图1.6正确地表示了光从空气射向水面后的情况的是　　　　　　　　　〔　　〕

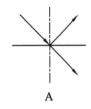 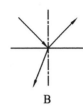  
　　A　　　　　　　　B　　　　　　　　C　　　　　　　　D

图 1.6

4. 某种介质的折射率 $n_1=\sqrt{3}$,当光从该介质中以 $\alpha_1=45°$ 的入射角射向另一种 $n_2=\sqrt{2}$ 的介质时,折射角的大小为　　　　　　　　　　　　　　　　　〔　　〕
   A. 30°　　　　B. 45°　　　　C. 60°　　　　D. 90°

1.2　全反射　光导纤维

一、知识综述

（一）光发生全反射的充分必要条件

1. 光必须由密介质射向疏介质.
2. 入射角等于或大于临界角.

（二）临界角的大小

临界角 α_0 是光发生全反射的最小入射角,它使折射角等于90°. 根据折射定律

$$n_{密}\sin\alpha_0 = n_{疏}\sin 90°,$$

故

$$\sin\alpha_0 = \frac{n_{疏}}{n_{密}}.$$

当光从其他介质射向真空（空气）时,由于真空（空气）的折射率 $n_{空}=1$,所以 $\sin\alpha_0=\frac{1}{n_{介}}$. 有的同学记忆临界角计算式时,把相比的两项分子与分母颠倒了. 请注意：正弦函数的值不能大于1.

第1章 光的折射

(三) 全反射的应用

全反射棱镜和光导纤维.

二、例题分析

例 景观水池内水深 0.5 m，试计算池底处一盏红灯泡能照亮多大的水面？若在池底安装一系列各色彩灯，为使被照亮的水面上各色不相混杂，相邻两灯的最小间距应是多少？（水的折射率 $n_水 = 1.33$）

分析与解答

水虽然是透明的，但是灯光从水中射向水面上的空气时，光是从密介质射向疏介质，凡是入射角大于临界角的入射光均不能射出水面，而被全部反射回到水中，所以水面不会到处都被照亮．透出水面的红色光被限制在临界角对应的圆面积内．

水的临界角为

$$\sin\alpha_0 = \frac{1}{n_水} = \frac{1}{1.33}, \alpha_0 \approx 48.6°.$$

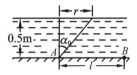

图 1.7

如图 1.7 所示，被照亮的圆面半径为

$$r = 0.5\tan\alpha_0 \text{ m} = 0.5\tan 48.6° \text{ m} \approx 0.57 \text{ m},$$

被照亮面积为

$$S = \pi r^2 = \pi \times 0.57^2 \text{ m}^2 \approx 1.02 \text{ m}^2.$$

相邻的 A、B 两灯最小间距为 $l = 2r = 1.14 \text{ m}.$

三、同步练习

(一) 判断题

1. 光从疏介质射向密介质时，一定不会发生全反射． （　）
2. 光从密介质射向疏介质时，一定会发生全反射． （　）
3. 临界角等于 90°． （　）
4. 潜水员在水中观看水面时，会发现只有一部分水面是透亮的． （　）
5. 全反射棱镜可使光线偏折 90°，也可以使光线倒转 180°． （　）
6. 在光导纤维内，光是沿着锯齿状折线传播的． （　）

(二) 填空题

1. 光从密介质射向疏介质时，以临界角入射可使折射角等于_____．
2. 产生全反射的条件是_____．
3. 光导纤维内芯的折射率是 n_1，包层的折射率是 n_2，两折射率相比较，有____ > ____．
4. 把一颗钻石和一颗跟钻石外形相同的玻璃同时放在灯光下，当入射光分别在它们的内表面发生全反射时，____ 比 ____ 要明亮，这是因为_____
_____．

(三) 作图题

1. 图 1.8 中的 L 是一个水下的点光源,水的临界角是 48.6°,试画出图中各条光线的折射光线和反射光线.

2. 试画出图 1.9 方框内怎样放置全反射棱镜,才能使入射光线被改变为图示方向.

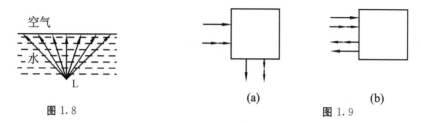

图 1.8   (a)   (b)   图 1.9

(四) 选择题

1. 光在真空中的传播速度为 c,若某介质的临界角为 α_0,则该介质中光的传播速度为 　　　　[　]

A. $\dfrac{c}{\sin\alpha_0}$　　　B. $c\sin\alpha_0$　　　C. $\dfrac{c}{\cos\alpha_0}$　　　D. $c\cos\alpha_0$

2. 关于全反射现象,下列叙述正确的是 [　]

A. 发生全反射时也有折射光线,只是折射光线很弱
B. 光从密介质射向疏介质时,一定会发生全反射现象
C. 光从密介质射向疏介质时,有可能会发生全反射现象
D. 光从疏介质射向密介质时,有可能会发生全反射现象

3. 井口大小和深度相同的两口井,一口是枯井,一口是水井,井底部各有一只青蛙,则 [　]

A. 晴天的夜晚,枯井中的青蛙能看到更多的星星
B. 晴天的夜晚,水井中的青蛙能看到更多的星星
C. 晴天的夜晚,两只青蛙能看到的星星一样多
D. 不确定

4. 图 1.10 所示为一个悬挂着的盛有水的玻璃缸,图中 A 是水面,B 和 C 分别是缸底的两个表面.当光由空气射向水中,再由水中射向缸底时,下列说法正确的是($n_水 < n_玻$) [　]

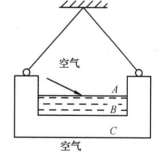

A. 在 A 面可能发生全反射
B. 在 B 面可能发生全反射
C. 在 C 面可能发生全反射
D. 在 A、B、C 三个表面都不可能发生全反射

图 1.10

5. 在全封闭的高速公路两侧各有一排栅栏.当在夜间驾车行驶时,行车者会看到两旁的栅栏上各有一串由近及远的小灯闪闪发光,其实每个灯都是 [　]

A. 一组平面反射镜　　　　　　B. 多个小全反射棱镜的组合

C. 一组小电灯　　　　　　　　D. 一组黄光灯

6. 自行车尾部的反射器是由红色玻璃薄片做成的,当夜间后方的灯光照射到其上面时,反射回来的光线可以引起后面人的注意.它其实是　　　　　　　　　[　　]

A. 全反射棱镜　　B. 凸面反射镜　　C. 凹面反射镜　　D. 平面反射镜

（五）计算题

已知甲介质的折射率为$\sqrt{3}$,乙介质的折射率为2,当光从哪个方向入射时,才有可能在两种介质的分界面上发生全反射? 临界角是多少?

1.3 透镜　透镜成像作图

一、知识综述

（一）三条特殊光线

点光源发出的无数条光线,经透镜折射后的会聚点就是像点.作图成像时,只需运用三条特殊光线(图1.11)中的任意两条即可确定像点的位置.

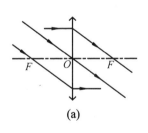
(a)

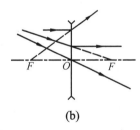
(b)

图 1.11

（二）总结成像规律

1. 凸透镜.在图1.12中,用|、↑、↓、↙四种符号表示同一物体,让物体从很远处向着透镜移动,进入不同的物区(具有相同成像性质的物距变化范围),它们都会发出一条平行于主光轴的光线,这是一条公共光线,它的折射光线通过焦点,也是公共光线.这条公共折射线就决定成像的高度和正倒.根据需要,你在该图中再添一条从物体发出的通过光心的光线(图中未画出),它跟图中公共折射线的交点就决定了成像的位置、大小和正倒.图1.12是一个有总结作用的动态图.从这个动态图中可以看出:

(1) 像的移动方向总是跟物的移动方向相同.

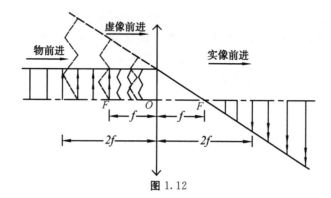

图 1.12

(2) 物在 $2f \leqslant p < \infty$ 的大范围内移动时,缩小、倒立的实像只在 $f \leqslant p' \leqslant 2f$ 的小范围内移动,像比物移动的速度慢.

(3) 物在 $f < p \leqslant 2f$ 的小范围内移动时,放大、倒立的实像在 $2f \leqslant p' < \infty$ 的大范围内移动,像比物移动的速度快.

(4) 放大的正立虚像比物移动的速度快.

2. 凹透镜. 参照上述图 1.12 的作法,你自己画一个凹透镜成像的动态图,并总结成像规律.

二、同步练习

(一) 判断题

1. 只要将点光源放在凸透镜前,经过凸透镜就一定能得到平行光线. (　　)
2. 当一个透镜能生成倒立的像时,它一定是凸透镜. (　　)
3. 凸透镜既可以生成放大的虚像,也可以生成缩小的虚像. (　　)
4. 甲、乙两个镜缘直径相同的凸透镜,如果甲的镜面比乙凸一些(即镜面曲率大一些),则甲的焦距比乙的焦距要短. (　　)
5. 凹透镜使平行光折射后,像是由焦点射出的发散光. (　　)
6. 由于凹透镜对入射光起发散作用,所以它只能生成虚像. 与它类似,凸透镜成虚像时,也是因为入射光被发散的结果. (　　)

(二) 填空题

1. 凸透镜生成的虚像跟凹透镜生成的虚像有以下不同的性质:_____.

2. 凸透镜成像时,无论怎样改变物距,在主光轴的____区域内(图 1.13 中已划分出 a、b、c、d 四个区域)总是没有像的.

3. 凸透镜成实像时,物体从远处向两倍焦距处移动的过程中,所成的像在_____范围内移动,移动的方向_____,像的移动速度____(填">"、

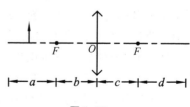

图 1.13

"＝"或"＜")物体的移动速度.

(三) 作图题

1. 根据图 1.14 中透镜发出的折射光线,补画其入射光线.

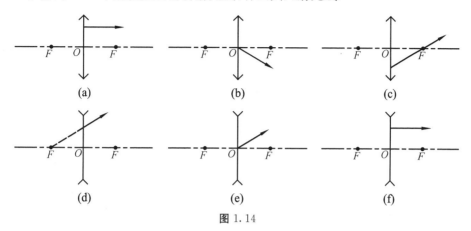

图 1.14

2. 图 1.15 中给出了透镜使物体 AB 所生成的像 $A'B'$,试画出从 A 点发出的一条任意光线 AC 经透镜折射后的传播方向.

图 1.15

(四) 选择题

1. 物体经凸透镜成实像后,如果不改变物距而把透镜下半部遮住,则像将 [ ]

    A. 上半部消失   B. 下半部消失   C. 变暗   D. 变小

2. 两个凸透镜在同一条主光轴上,其中一个凸透镜的焦距为 30 cm,另一个凸透镜的焦距为 10 cm,为使入射的平行光经两个凸透镜折射后仍为平行光,两凸透镜的距离应为 [ ]

    A. 10 cm   B. 20 cm   C. 30 cm   D. 40 cm

1.4 透镜成像公式
1.5 常用光学仪器

一、知识综述

(一) 透镜公式

$$\frac{1}{p}+\frac{1}{p'}=\frac{1}{f}.$$

为使该式对于凸透镜和凹透镜成像均适用,要遵从"实正虚负"的符号规则:① 实物的物距 p 为正;② 实焦点(凸透镜)的焦距 f 为正,虚焦点(凹透镜)的焦距 f 为负;③ 凸

透镜成实像时像距 p' 为正,凸透镜和凹透镜成虚像时像距 p' 为负.

用透镜公式解答问题时,常需要画出光路图.因为图形比较直观,它对解决问题有提示辅助作用,有时还可以利用光路图来检验计算结果是否有误.

(二) 像的放大率

$$k = \frac{|p'|}{p}.$$

(三) 常用光学仪器

1. 眼睛的视角和明视距离.从眼睛的光心到物体上、下两端点连线的夹角叫视角.它决定了眼睛对像的视觉大小.眼睛对同一物体的视觉是"近大远小".明视距离 $d = 25$ cm.

2. 助视放大镜的放大倍数.当凸透镜的虚像成在明视距离处时,它才叫作助视放大镜.放大镜的放大倍数 $k = \dfrac{d}{f}$.

3. 显微镜和天文望远镜.它们的镜筒两端都分别装有物镜和目镜这两个凸透镜,不同之处在于:显微镜的物镜焦距小于目镜焦距,望远镜的物镜焦距大于目镜焦距.

二、例题分析

例 1 摄影记者用镜头焦距 $f_1 = 3.2$ cm 的照相机拍摄镜头前 10 m 处的人物时,因成像较小,于是换用焦距 $f_2 = 4.5$ cm 的镜头拍摄.试计算换镜头后放大率提高了多少.

分析与解答

从图 1.16 可以看出,在物距 p 不变的情况下,焦距较长的凸透镜成像也较大.

由透镜公式

$$\frac{1}{p} + \frac{1}{p'} = \frac{1}{f},$$

解得像距

$$p_1' = \frac{pf_1}{p - f_1} = \frac{1\,000 \times 3.2}{1\,000 - 3.2} \text{ cm} \approx 3.21 \text{ cm},$$

$$p_2' = \frac{pf_2}{p - f_2} = \frac{1\,000 \times 4.5}{1\,000 - 4.5} \text{ cm} \approx 4.52 \text{ cm}.$$

放大率提高的倍数为

$$n = \frac{k_2}{k_1} = \frac{\dfrac{p_2'}{p}}{\dfrac{p_1'}{p}} = \frac{p_2'}{p_1'} = \frac{4.52 \text{ cm}}{3.21 \text{ cm}} \approx 1.4.$$

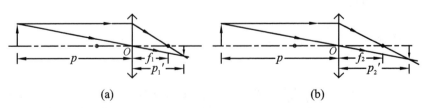

图 1.16

第1章 光的折射

例2 某凸透镜的焦距为 18 cm.

(1) 要使长为 2 cm 的物体在经过该透镜后能得到 6 cm 长的倒立的像,应将物体放在距此透镜多远的地方?

(2) 如果要得到 6 cm 长的正立的像,物体又应放在何处?

分析与解答

由透镜成像规律可知:当成倒立的像时,像都是实像,且在透镜另一侧,如图 1.17(a) 所示,此时像距取正;当成正立的像时,像都是虚像,且与物处于同一侧,如图 1.17(b) 所示,此时像距取负.

(1) 因为成倒立的实像,所以 $p_1' > 0$.

又 $\dfrac{\overline{A'B'}}{\overline{AB}} = 3$,$\dfrac{p_1'}{p_1} = \dfrac{\overline{A'B'}}{\overline{AB}}$,$p_1' = 3p_1$,

代入透镜成像公式 $\dfrac{1}{p} + \dfrac{1}{p'} = \dfrac{1}{f}$,得

$\dfrac{1}{p_1} + \dfrac{1}{3p_1} = \dfrac{1}{f}$,即 $\dfrac{4}{3p_1} = \dfrac{1}{18 \text{ cm}}$,$p_1 = 24$ cm.

(2) 因为成正立的虚像,所以 $p_2' < 0$.

又 $\dfrac{\overline{A'B'}}{\overline{AB}} = 3$,$\dfrac{|p_2'|}{p_2} = \dfrac{\overline{A'B'}}{\overline{AB}}$,$p_2' = -3p_2$.

代入透镜成像公式 $\dfrac{1}{p} + \dfrac{1}{p'} = \dfrac{1}{f}$,得

$\dfrac{1}{p_2} - \dfrac{1}{3p_2} = \dfrac{1}{f}$,即 $\dfrac{2}{3p_2} = \dfrac{1}{18 \text{ cm}}$,$p_2 = 12$ cm.

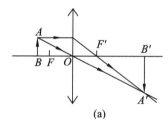 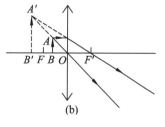

(a) (b)

图 1.17

注:如果例2的已知条件中没有说明像的倒或正,只问要使长为 2 cm 的物体经该透镜成一个 6 cm 长的像,物体应放在距此透镜多远的地方?你在解这类题目时会考虑到两种情况吗?因为题目中并没有明确像的性质,只有通过像长可知像是放大的,而凸透镜既可成放大的实像,也可成放大的虚像,所以在求解这类题目时,就要分两种情况讨论.

三、同步练习

(一) 填空题

1. 眼睛观看同一物体时,对它有"近大远小"的视觉,这是因为_____.

2. 视力正常的眼睛明视距离是____cm,近视眼矫正视力后的明视距离是____cm.

3. 配戴近视眼镜的光学原理,是利用凹透镜对光的折射来矫正视力的. 如果采用普通镜片,近视的度数越深,则镜面凹得越深.而采用超薄镜片就不必凹得很深,这是因为两种镜片的光学性能有以下不同：_____.

4. 用透镜公式计算凸透镜的成像时,p、p'和f这三个量中,_____总是正值,____在成实像时为正,而成虚像时为负.

5. 若一个透镜使物体生成缩小的正立像,则这个像与物体在透镜的____(填"同侧"或"异侧"),是____(填"实像"或"虚像"). 在 p、p' 和 f 这三个量中,____是正值,____是负值.

6. 两个凸透镜 L_1 和 L_2 的焦距分别是 f_1 和 f_2,且 $f_1 < f_2$. 如果把它们做成望远镜,则____是物镜,____是目镜；如果用它们做成显微镜,则____是物镜,____是目镜.

7. 助视放大镜是一块_____透镜. 使用时,把透镜靠近被观察物体,使透镜到物体的距离_____于焦距,并且成像在_____的位置. 透过放大镜可以看到正立、放大的_____像.

(二) 计算题

1. 在离地 3 000 m 的空中航拍地貌,若想拍摄出比例为 1∶5 000 的照片,应装备物镜焦距是多长的照相机?

2. 用镜头焦距为 4.5 cm 的照相机拍摄一座塔,塔高 6 m,而照片上的塔成像高 3 cm,问拍摄时的物距是多少?

3. 一个透镜使高为 2 cm 的物体成像时,得到了高为 6 cm 的正立像,若像距是 30 cm,求透镜的焦距.

第1章 光的折射

本章知识结构

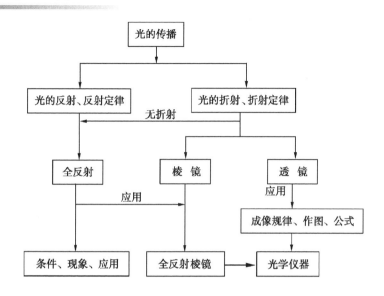

本章自测题 A

一、填空题

1. 光在_____介质中是沿直线传播的. 人们常用带箭头的直线来表示一束光的_____, 这样的直线叫作光线.

2. 已知甲介质的折射率为 $\sqrt{2}$, 乙介质的折射率为 1, 则光线从_____射入_____时能发生全反射现象, 发生全反射的临界角为_____.

3. 垂直入射的光线经过全反射棱镜后方向改变了_____或_____. (填写角度)

4. 如果物体到凸透镜的距离为焦距的 3 倍, 那么像距是焦距的_____倍.

5. 水的折射率为 1.33, 当光从空气斜射入水中时, 折射角随着入射角的增大而_____, 并且折射角最大不会超过_____.

6. 甲、乙两种介质的折射率之比为 4∶3, 则光在甲、乙两种介质中的传播速度之比为_____.

7. 若一个透镜使物体生成放大的正立像, 则这个像与物体在透镜的_____侧 (填"同"或"异"), 是_____像 (填"实"或"虚"), 在 p, p', f 这三个量中_____是正值, _____是负值.

8. 某透镜使高为 2 cm 的物体生成了高为 8 cm 的倒立的像, 若像距为 20 cm, 则该透镜的焦距为_____ cm.

二、判断题

1. 有经验的渔夫用鱼叉捕鱼, 总是向着略浅一些的地方用力刺去. ( )

2. 光从疏介质进入密介质,有可能发生全反射现象. （ ）
3. 物体距凸透镜的距离只要大于透镜的焦距,就一定成倒立的实像. （ ）
4. 凸透镜成虚像时,像距的长度可能小于焦距,也可能大于焦距;凸透镜成实像时,像距的长度可能小于焦距,也可能大于焦距. （ ）
5. 各种介质对空气的折射率可能大于1,也可能小于1. （ ）
6. 物体经透镜折射得到一放大的像,则该透镜一定是凸透镜. （ ）
7. 某点光源经凸透镜所成的实像,是由该点光源射向凸透镜的三条特殊光线会聚而成的. （ ）
8. 将一物体放在透镜前 20 cm 处,恰能生成放大三倍的像,则该透镜的焦距为 15 cm. （ ）
9. 一束光从空气斜射向折射率为 $\sqrt{2}$ 的某种介质,只有当入射角大于 45°时才会发生全反射现象. （ ）
10. 光从空气射入某种介质时,若增大入射角,则介质的折射率不变. （ ）

三、选择题

1. 如图 1.18 所示,方框的左侧为入射光线,右侧为出射光线,则方框内的光学器件是 [　]
 A. 全反射棱镜　　　　　　B. 凸透镜
 C. 凹透镜　　　　　　　　D. 平行透明板

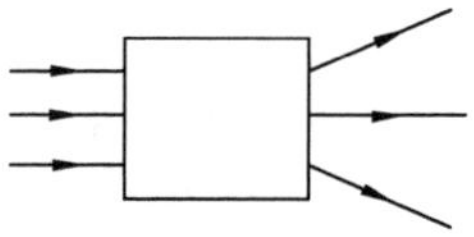

图 1.18

2. 水对空气的临界角是 48.6°,下列能发生全反射的是 [　]
 A. 光从水射入空气,入射角大于 48.6°
 B. 光从水射入空气,入射角小于 48.6°
 C. 光从空气射入水,入射角大于 48.6°
 D. 光从空气射入水,入射角小于 48.6°

3. 研制一台光学仪器,需用一种能成虚像的光学元件,现有 4 种光学元件：① 平面镜;② 凸透镜;③ 凹透镜;④ 玻璃砖. 请你为科研人员提供可成虚像的所有元件 [　]
 A. ①②　　　　　　　　　B. ②③
 C. ①②③　　　　　　　　D. ①②③④

4. 观察者看见太阳刚从地平线升起,下列关于太阳位置的叙述正确的是 [　]
 A. 太阳此时位于地平线上方　　B. 太阳此时位于地平线下方
 C. 太阳此时位于地平线上　　　D. 不知大气密度,无法判断

5. 某玻璃临界角为 42°,若光线从玻璃中射到玻璃与空气的分界面时,入射角略小于临界角,则光线在空气中的折射角应为 [　]
 A. 小于 42°　　　　　　　　B. 小于 60°
 C. 小于 90°　　　　　　　　D. 无折射光线

6. 下列哪些现象不是由于光的全反射现象造成的? [　]
 A. 雨后荷叶上的水珠在阳光照耀下格外明亮
 B. 用光导纤维传输光信号
 C. 海市蜃楼

D. 插入水中的木棒呈现弯折现象

7. 物体经透镜折射后生成正立的像,则 [　　]

A. 像和物一定在透镜同侧

B. 该透镜一定是凸透镜

C. 生成的可能是实像,也可能是虚像

D. 像一定是放大的

8. 将一幅画的画面垂直于主光轴放在凸透镜前 20 cm 处,恰能生成与画面积相等的像,若将画向着透镜移近 5 cm,则所成像的面积是画面积的 [　　]

A. 2 倍　　　　B. 4 倍　　　　C. 1.5 倍　　　　D. 2.25 倍

四、计算题

1. 激光是一种很好的平行光,如图 1.19 所示是一束很细的激光从真空射入介质时的折射情况.试求介质的折射率和光在介质中的传播速度.

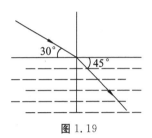

图 1.19

2. 灯光喷泉的水池底部有一发光的彩色光源,在水面上可观察到一圆形彩色光斑,当水池中的水深为 2m 时,光斑的直径是多少?当水池中的水深变为 4m 时,光斑的直径又是多少?

3. 光线从某种介质中以 45° 的入射角射入冰块时,光线在冰中的折射角为 30°,求冰对该介质的临界角.

4. 把一块焦距为 10 cm 的凸透镜作为助视放大镜,用它来观察微小物体.若要使物体成像在离放大镜 25 cm 的地方,问此放大镜到物体的距离应为多少?此时看到的像放大了多少倍?

*5. 一个长度为 3 cm 的物体放置在透镜前 15 cm 处时,能生成 12 cm 长的像,则该透镜是什么透镜?其焦距是多少?

本章自测题 B

一、判断题

1. 光从一种介质射入另一种介质时,这两种介质的光速相差越大,则光被折射的程度就越大. ( )
2. 疏介质的折射率大于密介质的折射率. ( )
3. 临界角使折射角等于 90°. ( )
4. 光导纤维的内芯和包层相比较,包层必须是密介质,才能使光不会穿过内芯和包层射到光导纤维外面去. ( )
5. 凸透镜成实像,是因为它对入射光起会聚作用;而凸透镜成虚像时,则是因为它对入射光起发散作用. ( )
6. 用一个透镜成像时,倒立的像一定是实像. ( )
7. 一个透镜如果生成虚像,它一定是正立、放大的虚像. ( )
8. 折射率越大的介质,其临界角也越大. ( )

二、填空题

1. 当光从某介质中以 30° 的入射角射向真空时,折射角是 45°,该介质的折射率为_____.
2. 玻璃的折射率为 1.52,当光从真空射向玻璃时,折射角随着入射角的增大而_____,但折射角最大不会超过_____.
3. 凸透镜成像时,只要生成的像具有下列三个特征之一:_____、_____、_____,它一定是实像.
4. 用 p 和 p' 分别表示物距和像距的长度,凸透镜成虚像时 p ____ p';凹透镜成虚像时 p ____ p'.(填"大于"、"小于"或"等于")
5. 伸缩照相机的镜头,就可以拍得远近不同景物的清晰照片.当摄影者站在同一处,拍摄了近处景物之后再拍另一远处景物时,就应调节镜头,使它_____.(填"伸出"或"缩回")
*6. 无论是显微镜还是望远镜,它们的物镜所起的助视作用是_____,目镜所起的作用是使虚像成在_____的地方.

三、作图题

1. 图 1.20 所示为空气中两个对称放置的玻璃三棱镜,试画出折射光线.
2. 图 1.21 和图 1.22 中的透镜焦点 F_1、F_2 重合,试画出平行光被折射后的光路图.

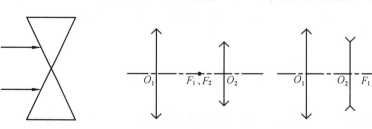

图 1.20 图 1.21 图 1.22

第1章 光的折射

四、计算与思考题

1. 图 1.23 中凹透镜与凸透镜的主光轴重合. 调节两透镜的距离, 使射向凹透镜的平行光经折射后, 从凸透镜射出的仍是平行光, 从实验中已量得 $L_1 = 2$ cm, $L_2 = 5$ cm, $d = 8$ cm, 试求两透镜的焦距.

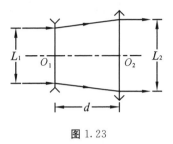

图 1.23

2. 蜡烛到光屏的距离为 100 cm, 要能够在光屏上得到放大 4 倍的蜡烛的像, 应选用哪一种透镜? 透镜的焦距是多少? 应将透镜放在何处?

3. 将一物体放在距透镜 20 cm 处成像时, 像与物在透镜同侧, 像距长度为 15 cm. 求透镜的焦距, 并画出光路图.

4. 蜡烛到凸透镜的距离为 20 cm 时, 能在屏上生成一个清晰的像, 像的放大率为 1.5. 如果把凸透镜向光屏移近 5 cm, 则光屏应往什么方向移动多长的距离, 才能再次在屏上得到清晰的像? 这个像比原来的像是大了, 还是小了?

5. 自行车尾部的反射器是用红色透明塑料薄片做成的, 它的正面是平的, 背面有许多突起的直角锥体, 其截面如图 1.24 所示. 当夜间其后方的灯光照射到它上面时, 反射回来的光线可以引起后面人的注意. 试说明它的光学原理, 并想一想这种反射器还有哪些用途?

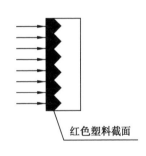

图 1.24

自我总结归纳

本章重点：

本章难点：

易错题集：

加强方向：

心得体会：

第2章 力

2.1 力   2.2 重力
2.3 弹力   2.4 摩擦力

一、知识综述

(一) 重力

重力是分布在物体上的,质量为 m 的物体所受的全部重力为
$$G=mg(g=9.8\ \text{N/kg}).$$
在研究重力对物体运动状态的影响时,可以把重力看作集中于重心上.

(二) 弹力

弹簧在外界作用下产生的弹性形变长度为 x 时,它对外界作用的弹力大小为
$$F=kx(胡克定律).$$
式中劲度系数 $k=\dfrac{F}{x}(\text{N/m})$ 在数值上表示每米弹性形变所产生的弹力大小.劲度系数越大的弹簧就越坚硬.

(三) 摩擦力

1. 摩擦对物体运动的影响(摩擦力的方向).初中物理讲述了滑动摩擦力,只举了一些摩擦力阻碍物体运动的例子,不少同学因此以为摩擦力总是阻碍物体运动的.通过现在的学习,你将体会到选择不同的参照物时,摩擦力对物体运动的影响是不同的.

2. 摩擦力的大小.

(1) 滑动摩擦力.它跟接触面上的压力成正比,
$$f=\mu N.$$
式中动摩擦因数 $\mu=\dfrac{f}{N}$ 是没有单位的纯数,它取决于相互摩擦的物体接触面的情况.

(2) 静摩擦力.当静摩擦力维持物体的平衡时,它的大小可利用力的平衡条件来确定.而最大静摩擦力既可以用平衡条件来求,也可以借用滑动摩擦力公式来估算,它比滑

动摩擦力稍大一点.

二、例题分析

例1 以地面为参照物时,摩擦力总是阻碍物体运动的吗?举一实例分析.

分析与解答

在图 2.1 中,原来静止在水平桌面上的小沙袋 A,被一颗沿水平方向以速度 v_B 飞来的子弹 B 射穿

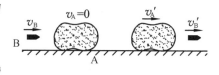

图 2.1

时,由于子弹在射穿沙袋的过程中,二者相互产生了摩擦,子弹因此减慢了速度,以 v_B' 穿出沙袋,而沙袋却由静止改变成跟随在子弹后面以速度 v_A' 运动. 在本例题中,我们以地面为参照物来看待摩擦力对二者运动的影响:子弹相对于地面被减速,是因为子弹受到的摩擦力阻碍了它的运动. 而沙袋相对于地面由静止开始运动,则是由于作用在沙袋上的摩擦力不是阻碍而是帮助了它运动.

例2 仍然是图 2.1 中子弹射穿沙袋的问题,但是选用相互摩擦的这二者互为参照物,摩擦力对二者之间的相对运动有什么影响?

分析与解答

子弹射入沙袋之前,二者的相对速度是 v_B(因为 $v_A=0$);而子弹穿出沙袋时,二者的相对速度却改变成为 $v_B'-v_A'$,因为 $v_B>v_B'-v_A'$,这说明相对速度减小了. 所以说,摩擦力阻碍了子弹和沙袋之间的相对运动.

例3 把一个货箱放在卡车上,当卡车由静止开始向前启动时,如果货箱也随卡车一同启动,货箱是否受到摩擦力? 如果有摩擦力,摩擦力究竟是帮助货箱运动? 还是阻碍它运动?

分析与解答

货箱由静止改变成向前运动,说明卡车底板对货箱作用了向前的静摩擦力. 我们选地面为参照物时,作用在货箱的静摩擦力是帮助它运动的. 但是如果选产生静摩擦力的卡车和货箱互为参照物,卡车启动时,原来静止的货箱由于惯性而相对于卡车有向后运动的趋势,是作用在货箱上的静摩擦力克服了它向后运动的趋势——阻碍了货箱与卡车的相对运动,使货箱随卡车一同启动.

从上面的几个例子可以看出,对于相互摩擦的物体,如果不以它们互为参照物,而是选其他物体为参照物(如例 1 和例 3 中选地面为参照物)时,摩擦力有时表现为阻碍物体的运动,而有时又表现为帮助物体的运动,这要视具体情况来确定,没有定论. 但是摩擦力对于相互摩擦物体的相对运动却总是起阻碍作用的,或者说摩擦力跟相对运动的方向总是相反,这才是适用于各种实例的普遍结论.

例4 用手握住一个油瓶使瓶悬在空中,当增大手握瓶的压力时,油瓶所受的摩擦力将会 [ ]

A. 增大　　B. 减小　　C. 不变　　D. 大于油瓶的重力

分析与解答

这一道命题中有增大压力这个诱导错误的多余条件．解题时必须弄清楚静摩擦力跟最大静摩擦力的区别，即增大手握瓶的压力时，最大静摩擦力会随之增大，最大静摩擦力好比是静摩擦力的储备，当油瓶重力小于最大静摩擦力时，实际产生的静摩擦力应该由二力平衡条件来确定，它小于最大静摩擦力，应选 C．如果继续向油瓶注油，随着油瓶重力的增大，与重力相平衡的静摩擦力也相应增大．但是在握瓶压力 N 一定的情况下，静摩擦力不会无限制地增大．最大静摩擦力 $f_m \approx \mu N$ 表示能被平衡的最大重力．

例 5 重 400 N 的物体放在水平面上，物体跟水平面之间的动摩擦因数为 0.2．若对该物体作用 $F_1 = 70$ N 的水平拉力，它受到的摩擦力是多少？当水平拉力 $F_2 = 100$ N 时，它受到的摩擦力是多少？

分析与解答

必须先判断该物体在水平拉力作用下是静止还是运动，才能决定用什么方法求摩擦力的大小．为此，先借用滑动摩擦力公式来估算最大静摩擦力 f_m 的值，再将水平拉力跟 f_m 相比较，以判断该物体处于什么状态．

最大静摩擦力
$$f_m \approx \mu N = 0.2 \times 400 \text{ N} = 80 \text{ N}.$$

由于 $F_1 < f_m$，故物体处于静止状态．根据二力平衡条件，物体在 70 N 水平拉力作用下受到了 70 N 的静摩擦力．

由于 $F_2 > f_m$，此时物体已沿水平面滑动，它在 100 N 水平拉力作用下，受 80 N 的滑动摩擦力．

三、同步练习

(一) 判断题

1. 一个力作用在同一物体的不同点上(改变力的作用点)，其效果是不会改变的．（　　）
2. 因为空气是飘浮在空中的，所以空气没有重力．（　　）
3. 重心越低的物体，它越稳定．（　　）
4. 只要物体彼此接触，它们之间必定有弹力作用．（　　）
5. 人站在地面上，人受到的地面支持力是弹力．（　　）
6. 桌面上的书本受到的重力就是书对桌面的压力．（　　）
7. 静止的物体不一定受到静摩擦力．（　　）
8. 如图 2.2 所示为一个静止在斜面上的木块，该木块一定受到竖直方向的静摩擦力．（　　）
9. 对于有相对运动趋势而又保持相对静止的两个物体，当它们接触面之间的压力越大时，最大静摩擦力就越大．（　　）
10. 摩擦力总是阻碍物体运动的．（　　）　　图 2.2

(二) 填空题

1. 力对物体作用产生的效果是 ＿＿＿＿＿＿＿＿ 和 ＿＿＿＿＿＿＿＿．

2. 力的三要素是_____.

3. 某人的质量为 60 kg,他受到的重力为_____,其施力物体是_____.

4. 一根原长为 100 cm 的弹簧在 400 N 拉力作用下伸长为 120 cm(弹性形变),它的劲度系数为_____ N/m;当减小拉力,使它伸长为 110 cm 时,劲度系数为_____ N/m.

5. 用 20 N 的水平拉力拉着一块重 40 N 的砖,可以使砖在水平地面上匀速滑动,则砖与地面之间的动摩擦因数为_____.

6. 水平面上一个质量为 20 kg 的物体,它的重力为_____ N. 若该物体与水平面之间的动摩擦因数是 0.20,为使它在水平面上做匀速直线滑动,须施以的拉力大小为_____ N.

7. 用 $F=200$ N 的水平压力,能使一个重 40 N 的物块悬空靠在竖直的墙面上不落下来(图 2.3),墙面对物体作用的静摩擦力大小等于_____ N.

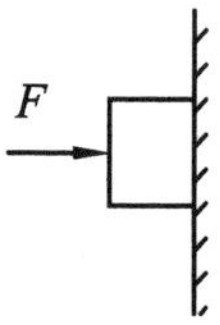

图 2.3 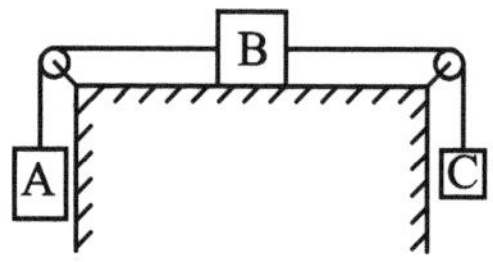 图 2.4

8. 图 2.4 中的三个物体 A、B、C,重力分别为 $G_A=200$ N、$G_B=180$ N、$G_C=160$ N,均处于静止状态,两个定滑轮无摩擦. B 物体受到的静摩擦力大小为_____ N,方向_____.

(三) 选择题

1. 一个圆筒内装有甲、乙、丙三个球(图 2.5),下列说法正确的是 [ ]

   A. 乙对丙作用的弹力,沿球心连线指向乙
   B. 乙对筒作用的弹力指向乙的球心
   C. 甲对乙作用的弹力,沿球心连线指向乙
   D. 甲对乙作用的弹力,沿球心连线指向甲

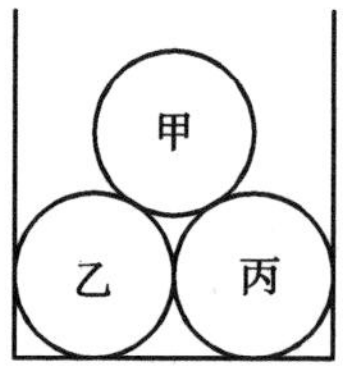

图 2.5

2. 图 2.6 所示的光滑水平面上两个物体甲和乙并排在一起,均处于静止状态,下列说法正确的是 [ ]

   A. 乙对甲作用了向左的弹力
   B. 甲对乙作用了向右的弹力
   C. 甲与乙之间没有弹力作用
   D. 无法确定甲与乙之间是否有弹力

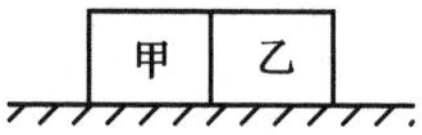

图 2.6

3. 一根弹簧不悬挂物体时,长为 10 cm,悬挂 $G=6.0$ N 的砝码时,长为 16 cm,则该弹簧的劲度系数是 [ ]

   A. 100 N/m   B. 1 N/m   C. 6 N/cm   D. 6 N/m

4. 下列说法正确的是 [ ]

   A. 摩擦力总是阻碍物体运动的
   B. 摩擦力的大小总是为 $F_f=\mu F_N$
   C. 摩擦力总是阻碍物体间相对运动的
   D. 以上说法都不对

5. 一个质量为 10 kg 的物体与水平面之间的动摩擦因数为 0.2,现用 20.2 N 的水平力,刚好使物体开始运动,则此刻该物体受到的摩擦力为 [ ]

   A. $10\times9.8\times0.2$ N   B. 10×0.2 N

C. 20.2 N　　　　　　　　　　　　D. 10 N

*6. 用手握住一个滑腻的油瓶使它悬空,当增大手握瓶的压力时,关于手对油瓶作用的摩擦力,下列说法正确的是　　　　　　　　　　　　　　　　　　　　　[　　]
　A. 静摩擦力不变　　　　　　　　B. 静摩擦力增大
　C. 静摩擦力和最大静摩擦力都增大　D. 最大静摩擦力不变

7. 北京和南京的重力加速度分别约为 9.801 m/s² 和 9.795 m/s²,在南京称得一个重为 1 000 N 的物体,将它移到北京后,用同样的设备称得物体的重量　　　　[　　]
　A. 大于 1 000 N　　　　　　　　B. 等于 1 000 N
　C. 小于 1 000 N　　　　　　　　D. 以上三个答案皆可能

8. 下列关于重心的说法正确的是　　　　　　　　　　　　　　　　　　　　[　　]
　A. 重心就是物体上最重的一点
　B. 形状规则的物体重心必与其几何中心重合
　C. 直铁丝被弯曲后,重心便不在中点,但一定还在铁丝上
　D. 以上说法都不对

9. 下列关于重力的说法正确的是　　　　　　　　　　　　　　　　　　　　[　　]
　A. 重力就是地球对物体的吸引力　　B. 重力就是物体对水平面的压力
　C. 重力的方向总是竖直向下的　　　D. 重力大小可用天平来测量

2.5　共点力的合成　共点力的平衡

一、知识综述

（一）共点力的合成

力是矢量.共点力的合成遵从平行四边形定则.当共点二力的夹角改变时,它们合力的大小和方向也随之改变.其中合力的最大值等于两个分力相加,合力的最小值等于两个分力相减.

（二）共点力的平衡

1. 平衡状态.

静止或匀速直线运动状态叫作平衡状态.当作用在物体上的共点力合力为零时,物体就处于平衡状态.合力为零叫作力的平衡.

2. 二力平衡.

作用于同一物体上的两个力,若大小相等、方向相反、在同一直线上,这两个力就构成平衡.

3. 三力平衡.

作用于同一物体上的三个力,若其中任意两个力的合力跟第三个力大小相等、方向相反、在同一直线上,这三个力就构成平衡.这是运用平行四边形定则和二力平衡条件所得出来的推论.根据这个推论可知,共点的三个力若要构成平衡,这三个力的作用线必须是

在同一直线上,或者它们都不在同一直线上,而不可能只有其中两个力在同一直线上(想一想,为什么).

二、例题分析

例1 一个物块恰好能沿倾角为 θ 的斜面匀速下滑,求动摩擦因数 μ.

分析与解答

本题只有一个已知条件 θ,对于解题中涉及的其他物理量,可以暂用符号表示,然后再设法将它们消去.

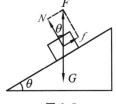

图 2.7

如图 2.7 所示,物块受到重力 G、垂直于斜面的支持力 N、平行于斜面向上的滑动摩擦力 f. 因为物块匀速下滑,处于平衡状态,所以 N 跟 f 的合力 F 是 G 的平衡力,即 F 是竖直向上的,F 跟 N 的夹角等于斜面的倾角 θ.

$$\tan\theta = \frac{f}{N}.$$

而动摩擦因数的定义为 $\mu = \dfrac{f}{N}$,所以 $\mu = \tan\theta$,它与物块的质量大小无关.

例2 如图 2.8 所示,用两根长度相等、互成角度的绳子悬挂一个重物,试分析当两绳夹角增大时,绳中的拉力 T 怎样变化?

分析与解答

因为结点 O(悬挂点)处的三力平衡,所以不论两绳的夹角如何变化,绳中拉力 T 的合力 F 总是 G(物重)的平衡力,$F=G$,即 F 的大小不会随两绳夹角的变化而变化.

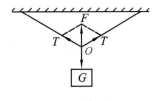

图 2.8

由平行四边形定则可知,若增大夹角,力的平行四边形的边长会增加,致使绳中拉力 T 增大.

例3 如图 2.9 所示,一个重力为 G 的钢球用线拴着,靠在光滑的墙上,绳与墙的夹角为 θ,求绳对球的拉力 F 和墙对球的支持力 N.

分析与解答

取钢球为研究对象,如图 2.10 所示,它受三个力的作用:重力 G,方向竖直向下;绳对球的拉力 F,沿绳斜向上;墙对钢球的支持力 N,方向垂直墙面向右. 球在这三个力的作用下处于平衡状态,它们要满足平衡条件:合力为零. 由于 G 和 N 相互垂直,根据平行四边形定则,G 和 N 的合力 F' 与绳的拉力 F(第三个力)应大小相等,方向相反,因此

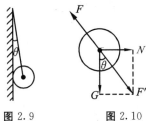

图 2.9   图 2.10

$$F = F' = \frac{G}{\cos\theta}, \quad N = G\tan\theta.$$

第 2 章 力

三、同步练习

（一）判断题

1. 大小相等、方向相反的两个力的合力为零. （　）
2. 合力一定比分力大. （　）
3. 只有静止状态才是平衡状态. （　）
4. 用绳悬挂一个物体,若使物体竖直匀速上升时绳中拉力是 T_1,使物体竖直匀速下降时绳中拉力是 T_2,则 $T_1 > T_2$. （　）
5. 当一物块沿斜面匀速向上滑动时,该物块一定受到平行于斜面向上不为零的合力. （　）

（二）填空题

1. 有两个力,一个是 8 N,一个是 10 N,其合力的最大值是＿＿＿＿,最小值是＿＿＿＿.
2. 两人共提一个物品,则他们所施力间的夹角越＿＿＿＿（填"大"或"小"）越省力.
3. 当两个大小相等的分力夹角为＿＿＿＿时,它们合力的大小跟分力大小相等.
4. 图 2.11 中的物体重 $G=500$ N,当竖直绳对它作用 $F=200$ N 向上的拉力时,地面（水平）对物体的弹力大小等于＿＿＿＿ N.
5. 如图 2.12 所示,一个重 $G=500$ N 的物体在倾角为 30°的斜面上处于静止状态,它受到斜面的支持力大小为＿＿＿＿ N,摩擦力大小为＿＿＿＿ N.

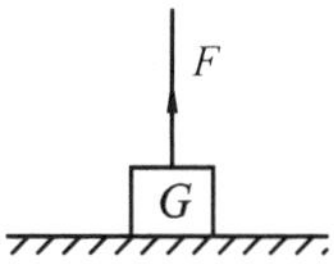

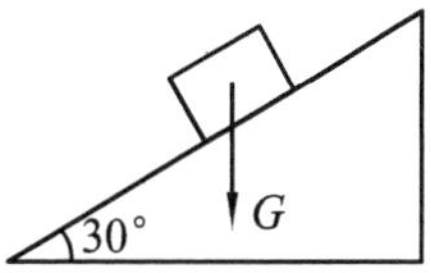

图 2.11　　　图 2.12

*6. 一物体沿倾角为 30°的斜面匀速下滑,则斜面与物体间的动摩擦因数为＿＿＿＿.

（三）选择题

1. 相互垂直的两个共点力,其大小分别为 30 N 和 40 N,这两个力的合力为 〔　〕
    A. 10 N　　B. 50 N　　C. 70 N　　D. 无法确定
2. 大小不相等的三个共点力 $F_1 > F_2 > F_3$,当它们平衡时,则 〔　〕
    A. F_1 大于其他两个力的合力
    B. F_3 小于其他两个力的合力
    C. 如果其中有两个力不在同一直线上,那么第三个力也一定不跟它们在同一直线上
    D. 如果其中有两个力不在同一直线上,第三个力还是有可能跟某个力在同一直线上
3. 下面几组共点力作用在同一物体上,有可能使物体保持平衡的是 〔　〕
    A. 2 N、3 N、9 N　　　　B. 15 N、25 N、40 N
    C. 4 N、5 N、20 N　　　D. 5 N、15 N、25 N
4. 物体受力平衡时,物体一定 〔　〕
    A. 处于静止　　　　　　B. 做匀速直线运动
    C. 保持原运动状态　　　D. 无法确定

5. 在倾角为 θ 的光滑斜面上放一质量为 m 的物体,则此物体受到的合力为　　　[　　]

　A. 0　　　　　　　　　　　B. $mg-mg\cos\theta$

　C. $mg\sin\theta$　　　　　　　　D. $mg\cos\theta$

6. 放在桌面上质量为 10 kg 的物体,如果受到一个竖直方向上的 78 N 的拉力,则下列说法正确的是　　　　　　　　　　　　　　　　　　　　　　　　　　[　　]

　A. 物体受到桌面的支持力为 78 N

　B. 物体对桌面的压力为 98 N

　C. 物体受到桌面的支持力为 20 N

　D. 物体受到的合外力为 20 N

*7. 在倾角为 θ 的斜面上,一个重为 G 的物块在斜面的支持力 N 和摩擦力 f 的共同作用下处于静止状态,当减小斜面倾角 θ 时　　　　　　　　　　　　[　　]

　A. N 和 f 都增大　　　　　　B. N 和 f 都减小

　C. N 增大而 f 减小　　　　　D. f 增大而 N 减小

2.6　力的分解

2.7　物体受力分析

2.8　力矩　力矩的平衡

一、知识综述

（一）力的分解

力的分解跟力的合成一样,都遵从平行四边形定则.但是如果没有限制条件,一个力可以有无数种被分解的方法,是不定解.在本书所求解的具体问题中,均能根据题意确定出两个分力的方向——对力进行分解时的一种限制条件,使具体问题有定解.

由于力的分解与力的合成互为逆运算,所以用力的合成方法求解的平衡问题,也可以用力的分解方法来求解.

（二）正交分解法

正交就是互相垂直.对于水平面或斜面上的物体,通常把沿接触面和它的垂直方向作为正交分解的两个方向,这样分解有利于求解支持力和摩擦力.

正交分解法还可以用来求多个共点力的合力:将所有的力都沿 x 和 y 方向进行分解,分别求出 x 和 y 方向所有分力的代数和 F_x 与 F_y,则合力大小

$$F=\sqrt{F_x^2+F_y^2}.$$

若合力 $F=0$,则物体处于平衡状态,合力的两个分力均应为零,

$$F_x=0, F_y=0.$$

这就是同一平面上共点力平衡的普遍方程式.

（三）物体受力分析

力是改变物体运动状态的原因,必须对物体进行受力分析,确定物体的受力状况,才会知道物体将处于什么样的运动状态.

课本中介绍了按照先易后难的顺序来确定重力、弹力和摩擦力.

1. 重力.

一切物体都受到由于地球吸引而产生的重力,重力的方向竖直向下.不论命题中有什么条件,重力总是不变的.

2. 弹力.

在本书的学习范围内,物体获得的支撑主要有两种——绳的弹力（拉力）和接触面上的弹力（支持力）.支持力跟接触面垂直,当接触面不沿水平方向时,支持力就不沿竖直方向（如斜面）.

3. 摩擦力.

摩擦力依附于压力,但是有压力未必就出现摩擦力：相对静止的物体,只是在有相对运动趋势时才有静摩擦力,有相对滑动的物体之间才会有滑动摩擦力.在比较难的命题中,有时要根据平衡条件或牛顿第二定律来确定接触面上是否有摩擦力（见以下的例题分析）.

画受力图时,应该首先画出"原始受力图",图中的每个力都应该有对应的施力物体.然后再根据解题的需要,对"原始受力图"中的力进行分解或合成.

（四）力矩

力矩 $M=F \cdot r$ 用于说明力对物体的转动效果.一个有固定转动轴的物体,当它受到的各个力矩代数和为零时,就会保持静止或匀速转动状态.

二、例题分析

*例1 把一只箱子放在商场的电动扶梯台阶上,使它随扶梯台阶沿着速度 v 的方向匀速上升（图2.13）,箱子的受力状况是

[　　]

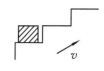

图 2.13

A. 受重力和支持力

B. 受重力、支持力和水平向右的静摩擦力

C. 受重力、支持力和水平向左的静摩擦力

D. 受重力、支持力和沿运动方向的静摩擦力

分析与解答

以地面为参照物,箱子是随同台阶一起以速度 v 做匀速运动的.

解法一：

因为箱子和台阶以共同的速度做匀速运动,二者没有相对运动趋势,所以台阶对箱子没有静摩擦力作用.箱子只受重力和支持力,故选 A.

解法二：

用反证法进行推理，分三个步骤：

(1) [假设] 箱子受到某个方向的静摩擦力，即假设 B、C、D 三个答案中的某个成立.
(2) [推理] 由于箱子受的重力和支持力都在竖直方向上，而上述三种答案中的静摩擦力皆不沿竖直方向，因此重力、支持力跟不在同一直线上的静摩擦力的合力必不为零.根据牛顿第二定律，不为零的合力会使箱子产生加速度.(3) [检验] 由推理得出箱子有加速度的结论，跟已知箱子做匀速运动的条件相矛盾，所以假设箱子受有静摩擦力是不正确的.故选 A.

*例 2 如果图 2.13 中的电动扶梯沿斜向上的方向做加速运动，箱子跟它所在的台阶保持相对静止.仍然用例 1 中的 4 个选项，其中正确的是　　　　　　　　　　[　　]

分析与解答

以地面为参照物，箱子是随同台阶一起做加速运动的，加速度沿着斜向上的方向，根据牛顿第二定律，加速度方向跟合力方向是一致的，所以箱子应受到斜向上方向的合力.假如箱子只受到重力和支持力这两个竖直方向的力，仅凭此二力是产生不出斜向上方向的合力的.因而箱子一定还受台阶所施予的沿水平方向向右的静摩擦力，这样它跟重力、支持力才能合成沿斜向上方向的合力，所以选 B.

例 3 将前面图 2.7 中用力的合成方法求解的问题，换成用力的分解方法来求解.

分析与解答

如图 2.14 所示，将重力 G 进行正交分解，得

x 方向　　　　　　$G_x = G\sin\theta$；
y 方向　　　　　　$G_y = G\cos\theta$.

由于物体在 N、f、G_x、G_y 这四个分力作用下平衡，根据平衡方程式 $F_{x合} = 0$，$F_{y合} = 0$，有

$G_x - f = 0$，得　$f = G_x = G\sin\theta$；
$N - G_y = 0$，得　$N = G_y = G\cos\theta$.

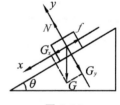

图 2.14

所以

$$\mu = \frac{f}{N} = \frac{G\sin\theta}{G\cos\theta} = \tan\theta.$$

例 4 将前面图 2.9 中用力的合成方法求解的问题，换成用力的分解方法来求解.

分析与解答

如图 2.15 所示，将拉力 F 进行正交分解，得

x 方向　　　　　　$F_x = F\sin\theta$；
y 方向　　　　　　$F_y = F\cos\theta$.

由于物体在 G、N、F_x、F_y 这四个分力作用下平衡，根据平衡方程式 $F_{x合} = 0$，$F_{y合} = 0$，有

$G - F_y = 0$　得　$F = \dfrac{G}{\cos\theta}$；

$F_x - N = 0$　得　$N = G\tan\theta$.

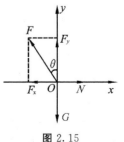

图 2.15

例 5 在倾角为 30°的斜面上放着一个重 400 N 的物体,物体与斜面间的动摩擦因数为 $\dfrac{\sqrt{3}}{2}$,求物体受到的摩擦力.

分析与解答

题目没有说明物体的运动状态,若物体运动,则摩擦力为滑动摩擦力,应用公式 $f_动 = \mu N$ 来求.若物体静止,则摩擦力为静摩擦力,应由平衡条件来求.所以,首先应分析物体所受的力,确定物体的运动状态,最后找摩擦力.

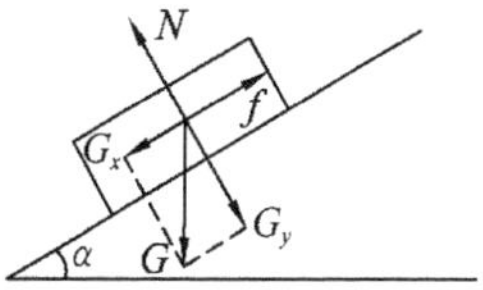

如图 2.16 所示,物体受重力 G、支持力 N、摩擦力 f,将重力 G 进行正交分解,有

$$G_x = G\sin30° = 400 \times 0.5 \text{ N} = 200 \text{ N};$$
$$G_y = G\cos30° = 400 \times \dfrac{\sqrt{3}}{2} \text{ N} = 200\sqrt{3} \text{ N}.$$

图 2.16

因为物体在斜面的垂直方向是平衡的,所以 $N = G_y = 200\sqrt{3}$ N.

如果物体滑动,则滑动摩擦力 $f_动 = \mu N = \dfrac{\sqrt{3}}{2} \times 200\sqrt{3}$ N $= 300$ N.

显然 $G_x < f_动$,物体是不能滑动的,应静止在斜面上,只有沿斜面向下滑动的趋势,故有一个沿斜面向上的静摩擦力 f,根据平衡条件,其大小为

$$f = G_x = 200 \text{ N}.$$

***例 6** 图 2.17 所示为机械中常用的刹车装置原理图.设制动块甲与铁轮乙之间的动摩擦因数为 0.30,铁轮半径为 0.25 m,制动块位于 $l_1 = 0.40$ m 处;制动杆长 $l_2 = 1.0$ m.试求在 C 端作用一个与杆垂直的 $F = 100$ N 压力时,制动块能对转动着的铁轮作用的制动力矩.

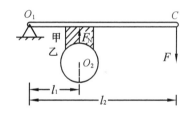

图 2.17

分析与解答

图中的制动杆是一根以 O_1 为支点的杠杆,由于动力臂 l_2 大于阻力臂 l_1,所以作用在杠杆上的阻力——铁轮对制动块的压力 N,要比 C 端的 F 力大.这个 N 的大小也就是制动块对铁轮压力的大小,利用杠杆达到了增大压力的效果,从而增大了制动块对铁轮作用的滑动摩擦力.滑动摩擦力对铁轮的轴 O_2 产生的力矩将阻碍铁轮的转动,使它转速减小直至停止转动为止.

根据杠杆原理(即力矩平衡),有 $Nl_1 = Fl_2$,得

$$N = \dfrac{l_2}{l_1} F = \dfrac{1.0}{0.40} \times 100 \text{ N} = 250 \text{ N}.$$

滑动摩擦力 $\qquad f = \mu N = 0.30 \times 250$ N $= 75$ N.
制动力矩 $\qquad M = fr = 75 \times 0.25$ N·m $= 18.75$ N·m.

三、同步练习

(一) 判断题

1. 放在斜面上的物体,要受到斜面给予的竖直向上的支持力. ( )
2. 光滑斜面上的物体,是在重力和下滑力的共同作用下沿斜面加速滑动的. ( )
3. 在水平地面上的物体,可只受到静摩擦力而保持静止. ( )
4. 放在汽车上的货箱随汽车从静止向前开动时,货箱受到向前的静摩擦力. ( )

(二) 选择题

1. 一个物块静止在倾角为 θ 的斜面上,在 θ 逐渐减小的过程中,下列说法正确的是 [ ]

    A. 斜面对物体的静摩擦力减小
    B. 斜面对物体的静摩擦力增大
    C. 斜面对物体的静摩擦力不变
    D. 斜面对物体的支持力减小

2. 在图 2.18 中的 C 处悬挂重物时,斜绳 AC 和水平杆 BC 所受作用的方向是 [ ]

    A. 二者都受拉力
    B. 二者都受压力
    C. AC 受拉力,BC 受压力
    D. AC 受压力,BC 受拉力

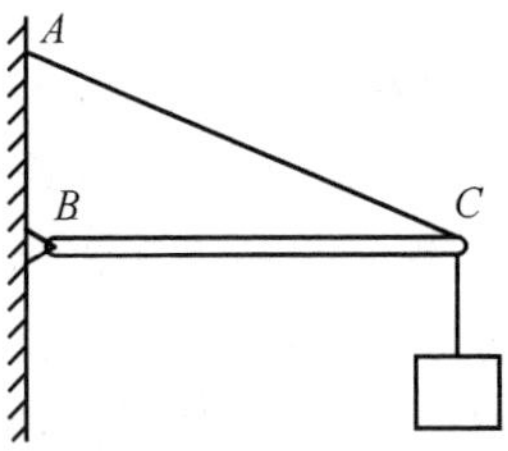

    图 2.18

3. 关于力矩,下列说法正确的是 [ ]

    A. 作用于物体上的力不为零,此力对物体的力矩一定不为零
    B. 作用于物体上的力越大,此力对物体的力矩一定也越大
    C. 力矩是作用力与作用点到转动轴的距离的乘积
    D. 力矩是作用力与轴到力的作用线的垂直距离的乘积

4. 关于力矩,下列说法不正确的是 [ ]

    A. 力对物体的转动作用取决于力矩的大小
    B. 跟转动轴平行的力不产生力矩
    C. 力矩的单位是 N·m,也可以写成 J(焦耳)
    D. 若力矩等于零,力对物体不会产生转动作用

5. 有两个力作用在有固定转轴的圆盘上,若使圆盘保持平衡,则必须是 [ ]

    A. 这两个力大小相等
    B. 这两个力到转轴的垂直距离相等
    C. 这两个力矩相等
    D. 这两个力矩大小相等,符号(即转动方向)相反

6. 如果骑自行车时,脚对脚踏始终作用一个大小不变且竖直向下的力 F(图 2.19),在脚踏经过图中的 A、B、C 三个位置时,F 产生的力矩大小相比较,有　　　[　　]

A. 各处力矩相等

B. A 处力矩最大

C. B 处力矩最大

D. C 处比 A 处的力矩大

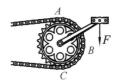

图 2.19

7. 一个物体从光滑的斜面上匀加速下滑,它的受力情况是　　　[　　]

A. 重力、弹力和下滑力的作用

B. 重力、弹力的作用

C. 重力、弹力和摩擦力的作用

D. 弹力、摩擦力和下滑力的作用

(三) 计算题

1. 一艘帆船在侧向的风中行驶时,如果把帆调整成跟风向垂直的位置(图 2.20)时,风对船帆的作用力为 F,试计算沿航行方向船能获得的前进动力.

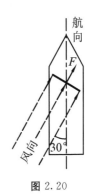

图 2.20

2. 为了把陷入水坑里的汽车拉出来,司机用一根尼龙绳把汽车跟 12 m 远处的大树拴在一起,然后在绳的中点沿绳的垂直方向用 400 N 的力拉绳子,当绳的中点被拉过 0.6 m 时,汽车受到的拉力是多大?

3. 一个有固定转动轴的物体受四个力的作用,其中使物体向顺时针方向转动的两个力的大小分别是 5 N 和 3 N,使物体向逆时针方向转动的两个力的大小分别是 2 N 和 6 N,这四个力的力臂依次是 0.50 m、0.25 m、0.05 m、0.20 m,在这四个力的作用下物体能否平衡? 为了能使物体平衡,需要把一个 1 N 的力加在物体上离转轴多远的地方? 这个力的力矩是多少?

4. 有一个直角三角形平板 Rt△ABC(图 2.21),直角边长 $\overline{AB}=30$ cm,$\overline{BC}=40$ cm,它可以绕通过 A 垂直于平板的轴转动. 为了使作用在平板上的一个 $F=20$ N 的力能产生最大的力矩,试在图中画出 F 作用线的位置,并计算最大力矩的值.

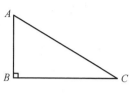

图 2.21

本章知识结构

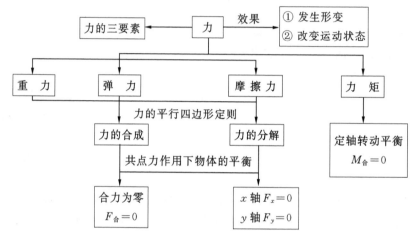

知识窗

伽利略的生平与主要贡献

伽利略生平 伽利略 1564 年 2 月 15 日生于比萨. 幼年时在佛罗伦萨修道院学希腊文、拉丁文和逻辑,17 岁入比萨大学学医学及哲学. 从童年起,他就喜欢动手制造机器、水磨等,在听到数学家介绍几何学的讲演后,对数学产生了浓厚兴趣. 他仔细阅读过亚里士多德的著作,嘲笑那些盲目崇拜者是"记诵博士",主张通过观察、实验、独立思考重新研究自然界,并且勇敢地宣传真理. 1585 年他因经济困难停学. 1586 年他设计出测定固体密度的天平,发表固体重心论文,因而被聘为比萨大学数学教授. 1591 年离校去柏杜瓦大学任教直到 1610 年.

1632 年,伽利略出版了著作《关于托勒密和哥白尼两大世界体系的对话》,当年 8 月被禁止发行. 他一生崇尚科学,坚持真理,曾因支持和宣传哥白尼的日心说而一直受到教

第2章 力

会的残酷迫害.1633年6月,宗教法庭的审判迫使他放弃日心说,并判他终身监禁.受审后,他集中精力写作,并于1638年出版了系统总结一生力学研究的第二本著作《关于两门新科学的对话与数学证明》.1639年伽利略失明,失明后仍坚持与学生研究用摆调节钟表、冲击理论以及"真空"与大气压等问题.1642年1月伽利略逝世.1979年11月11日,罗马教皇保罗二世公开为伽利略恢复名誉.

伽利略的主要贡献 伽利略是意大利伟大的物理学家、天文学家,是科学革命的先驱,被誉为"打开通向整个物理学大门的人".

伽利略最早提出相对性原理、惯性原理,描述过两个关于惯性的实验;他最早把科学实验方法引入物理学中,并提出了惯性、加速度等概念;他发现了自由落体规律、运动叠加原理和单摆的周期性等;他在1609年制成了第一架天文望远镜,并利用它于次年发现了木星的四颗卫星,看到了金星和月球表面的山谷,后来又发现了太阳黑子.

伽利略被称为"近代科学之父",他的最重要的贡献是发展了科学实验方法.传说他为了纠正亚里士多德关于"物体下落时其快慢与重量成正比"这一错误的观念,在1590年登上比萨的一座八层楼高的斜塔,用实验证明了一个约45 kg重和一个约0.2 kg重的两个球几乎同时落地.可以说,伽利略开创了以实验事实为根据并具有严密体系的近代科学,他的数学运算与科学实验相结合的研究方法,对物理学乃至自然科学的发展都具有划时代的贡献,也为后来牛顿力学的建立铺平了道路.

本章自测题 A

一、填空题

1. 用弹簧测力计拉一个放在水平桌面上的质量为5 kg的木块,最初用10 N的水平力拉它,接着增加到15 N,还不能使木块滑动,一直增加到20.2 N时,木块才开始滑动,以后仅用19.6 N的力使木块匀速滑动,则木块受静摩擦力的范围为_____.滑动摩擦力为_____,动摩擦因数为_____.

2. 弹簧的劲度系数为50 N/m,在弹性限度内使之伸长4 cm,需加_____的拉力.

3. 设重力为3 N的气球,同时还受到另两个力的作用,风的水平推力为8 N,空气的浮力为9 N,则气球所受的合力的大小为_____.

4. 物体在共点的五个力作用下保持平衡,如果撤去其中一个力F_1,而其余四个力保持不变,这四个力的合力大小为_____,方向为_____.

5. 如图2.22所示,木块受到的重力为G,在水平力F的作用下,木块贴在竖直墙面上保持静止,已知木块和墙面之间的动摩擦因数是μ,木块与墙面之间的静摩擦力为_____,当F加大时,静摩擦力将_____.(填"增大"、"减小"或"保持不变")

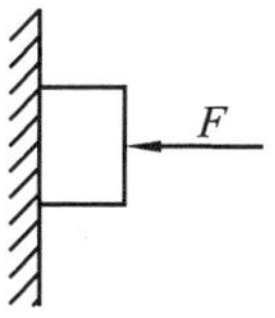

图2.22 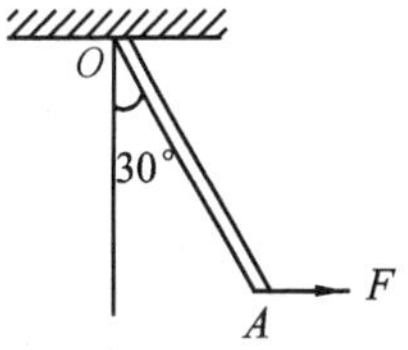   图2.23

6. 如图2.23所示,OA为一直棒,棒长为0.8 m,可绕O点转动,当OA与竖直方向夹角为30°时,作用在 A 点的水平力大小为 5 N,它对 O 点的力矩为_____.

二、选择题

1. 下列共点力作用在同一个物体上,物体不可能保持平衡的是 [ ]
   A. 4 N、5 N、9 N B. 4 N、3 N、5 N
   C. 20 N、30 N、20 N D. 9 N、19 N、8 N

2. 甲乙两人各用 100 N 的力分别拉弹簧的两端,使弹簧伸长了 20 cm,若将弹簧的一端固定在墙上,由一个人用 100 N 的力拉另一端,则弹簧伸长 [ ]
   A. 10 cm B. 15 cm C. 20 cm D. 40 cm

3. 20 N 重的物体在水平地面上向左运动,同时受到水平方向向右的 10 N 的拉力,若物体与地面间的动摩擦因数为 0.2,那么物体所受的摩擦力是 [ ]
   A. 2 N、方向向右 B. 4 N、方向向右
   C. 10 N、方向向右 D. 14 N、方向向左

4. 物体在斜面上匀速下滑,在图 2.24 的四个受力示意图中,物体受力示意图正确的是 [ ]

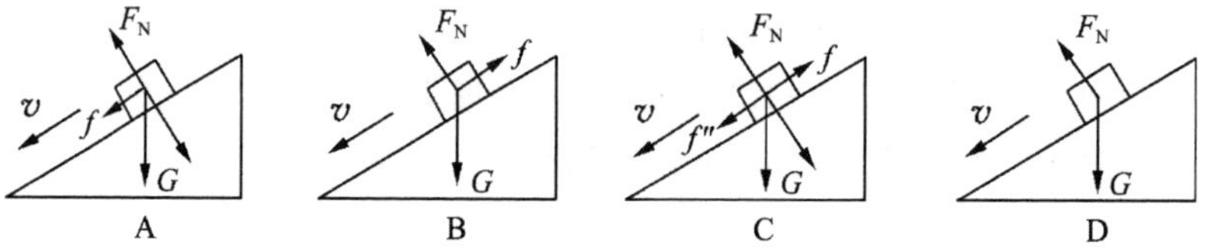

图 2.24

5. 如图 2.25 所示,物体被两块竖直挡板夹在中间,当两边各加 F 压力时,物体处于静止状态,此时物体受到的静摩擦力为 f,当两边各加 2F 压力时,物体受到的摩擦力为 [ ]
   A. 2f B. 0.5f C. 仍为 f D. 4f

6. 已知一个力 $F=100$ N,把它分解为两个力,其中一个分力 F_1 与 F 的夹角为 30°,则另一个分力 F_2 的最小值为 [ ]
   A. 50 N B. $50\sqrt{3}$ N
   C. $\frac{100}{3}\sqrt{3}$ N D. $100\sqrt{3}$ N

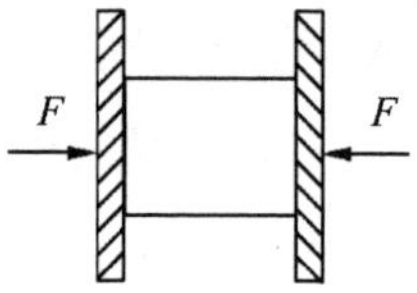

图 2.25

三、计算题

1. 在长 5 m、高 3 m 的斜面上放一个重 500 N 的物体,物体处于静止状态,求斜面所受的压力和物体所受的摩擦力.

2. 把竖直向下 150 N 的力 F 分解为两个分力,分力 F_1 水平向东,分力 F_2 的方向与竖直方向成 30°角,试作出力的分解图,并计算出两个分力的大小.

3. 一个木箱受到的重力为 500 N,与地面的动摩擦因数为 0.47,用一大小为 400 N、方向与水平方向成 30°角的力推动木箱,如图 2.26 所示,求木箱所受的摩擦力.

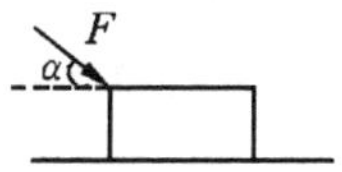

图 2.26

本章自测题 B

一、判断题

1. 物体必须发生弹性形变才会产生弹力. ( )
2. 静止的物体一定受到静摩擦力. ( )
3. 物体受到的合力为零时,不一定处于静止状态. ( )
4. 把一个重为 G 的物体放在斜面上时,物体对斜面压力的大小等于 G. ( )
5. 两个人各用一只手臂共提一桶水时,两人相距越近就越省力. ( )
6. 作用在同一点的三个力大小分别为 200 N、300 N 和 400 N,它们只有相互夹角不为 180°时才有可能平衡. ( )
7. 一个有固定转动轴的物体,当它受到的力矩代数和为零时,它一定处于静止状态. ( )
8. 只有相互接触的物体之间才能产生力的作用. ( )

二、选择题

1. 下列说法正确的是 [ ]
  A. 只有直接接触的物体之间才有力的作用
  B. 只有运动的物体才会受到力的作用
  C. 没有施力物体的力是不存在的
  D. 力的大小可以用天平来测量

2. 物体静止在水平桌面上,物体对桌面的压力 [ ]
  A. 就是物体的重力
  B. 与桌面对物体的支持力是一对平衡力
  C. 是由于物体的形变而产生的
  D. 是由于桌面的形变而产生的

3. 关于静摩擦力,下列说法错误的是 [ ]
  A. 静止的物体不一定受到静摩擦力
  B. 有相对运动趋势而又保持相对静止的物体,一定受到静摩擦力
  C. 静摩擦力总是阻碍物体运动的
  D. 平衡物体所受的静摩擦力是由平衡条件来决定的

4. 一个物块原来静止于斜面上,当在物块上再作用一个垂直于斜面的力 F 时(图 2.27),下列说法正确的是 [ ]

　　A. 物块与斜面之间的静摩擦力增大
　　B. 物块与斜面之间的静摩擦力减小
　　C. 物块与斜面之间的静摩擦力不变
　　D. 物块与斜面之间的最大静摩擦力不变

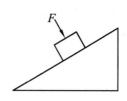
图 2.27

5. 一个放在自动扶梯上的箱子,它在随扶梯一起匀速上升时(图 2.28),箱子 [ ]

　　A. 一定受到沿运动方向的静摩擦力
　　B. 一定受到沿水平向右的静摩擦力
　　C. 一定受到沿水平向左的静摩擦力
　　D. 只受到竖直方向的重力和支持力

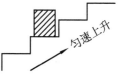
图 2.28

6. 将一重物悬挂在绳下,然后在绳上的某点作用一个水平拉力 F,将绳拉成如图 2.29 所示的形状.设绳中拉力为 T,试分析,当力 F 逐渐增大时,则有 [ ]

　　A. F 增大时 T 增大,且 F 与 T 的合力增大
　　B. F 增大时 T 增大,但 F 与 T 的合力大小不变
　　C. F 增大时 T 减小,但 F 与 T 的合力大小不变
　　D. F 增大时 T 不变

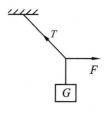
图 2.29

三、计算与思考题

1. 如果图 2.29 中的水平拉力 F 是由水平绳产生的,且水平绳跟斜绳的粗细相同,最多只能承受 1 200 N 的拉力.物重 $G=1 000$ N.试计算当斜绳跟竖直方向的夹角达到多少度时,绳即断裂.

*2. 刀、斧、凿、刨等切削工具的刃部叫作劈,劈的纵截面是一个三角形,如图 2.30 所示.使用劈的时候,在劈的背部作用一个力 F(F 的作用线通过三角形的顶点),就会使劈的两个侧面对被切削的物体产生推力——垂直于劈侧面的 F_1 和 F_2,把物体劈开.设劈的纵截面是等腰三角形,劈背宽度为 d,劈侧面长度为 l.求证:$F_1=F_2=\dfrac{l}{d}F$.

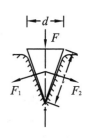
图 2.30

(从上式可以知道,劈是一个将力 F "放大"的工具,越锋利的刃,它的 $\dfrac{l}{d}$ 之比值越大,对力的"放大"作用也就越大,越容易劈开物体.)

3. 如果天平的两侧臂长不相等,可以采用下述的"复称法"来消除天平的误差,以求得被称量物体的真实质量 m. 先把物体放在左盘,砝码放在右盘,设天平平衡时砝码质量为 m_1;然后把物体放在右盘,砝码放在左盘,设天平平衡时砝码质量为 m_2. 试证明:$m = \sqrt{m_1 m_2}$.

4. 设想一下:没有摩擦力的世界将是一个怎样的世界?发挥你的想象,并以此为题进行讨论.

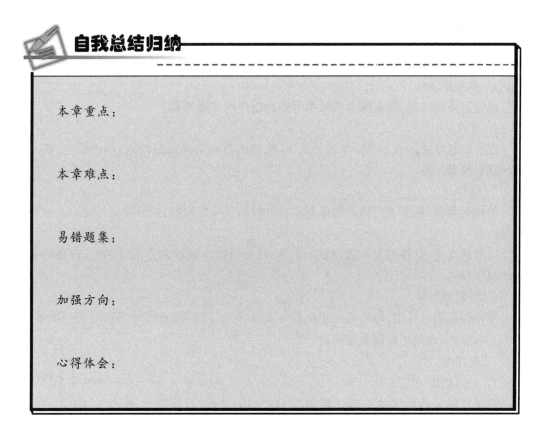

本章重点:

本章难点:

易错题集:

加强方向:

心得体会:

第3章 匀变速运动

3.1 描述运动的一些概念
3.2 速　　度

一、知识综述

（一）描述运动的一些概念

1. 参考系.

研究物体运动时，选来作为参照的另外的物体叫作参考系.

2. 质点.

在可以忽略物体大小和形状的情况下，把物体看成是有质量的点，叫作质点. 质点是一种理想模型.

3. 位移.

物体运动时，从参考点指向物体所在位置的矢量叫作位移. 通常取物体的出发点作为参考点.

一般情况下，位移的大小跟路程不相等. 只有当物体做单向直线运动时，位移的大小才跟路程相等.

4. 时刻和时间.

物体在运动过程中，每经过一个位置都对应一个时刻，所通过的路程对应一段时间，时刻是有序的，时刻的间隔就是时间.

（二）速度

1. 平均速度.

变速直线运动物体的位移 s 跟对应的时间 t 之比，就是平均速度，即

$$\bar{v}=\frac{s}{t}.$$

变速直线运动物体的 $\bar{v}$ 大小，会随所选取时间的不同而改变. 例

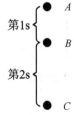

图 3.1

第3章 匀变速运动

如,一个小球从高处落下的过程中(图3.1),由于速度越来越快,第2 s内的位移就比第1 s内的位移大,因此不同时间内的平均速度相比较,有 $\bar{v}_{BC} > \bar{v}_{AC} > \bar{v}_{AB}$.

初中物理讲述的匀速直线运动速度公式 $v = \dfrac{s}{t}$ 虽然跟平均速度公式 $\bar{v} = \dfrac{s}{t}$ 似乎相同,但其实二者物理意义不同. 匀速直线运动的平均速度是不随所选时间的不同而改变的.

2. 瞬时速度.

运动物体每个时刻的速度叫作瞬时速度.

匀速直线运动物体的瞬时速度大小和方向都不改变,它的瞬时速度大小跟平均速度大小相等.

瞬时速度的大小或方向变化的运动就是变速运动. 例如,如图3.1所示的小球,它在下落过程中虽然瞬时速度的方向不改变,但其大小不断增大,这是做变速直线运动. 而内燃机里的活塞在往返运动中,瞬时速度的大小和方向都在改变,这是比较复杂的变速运动.

二、例题分析

例1 一个做变速直线运动的质点,在连续相等 $t_1 = t_2 = t$ 的时间内,平均速度分别为 $\bar{v}_1$ 和 $\bar{v}_2$,求它在 $t_1 + t_2$ 时间内的平均速度 $\bar{v}$.

分析与解答

设 t_1 和 t_2 时间内的位移分别为 s_1 和 s_2,则

$$\bar{v} = \frac{s_1 + s_2}{t_1 + t_2} = \frac{s_1 + s_2}{2t} = \frac{s_1}{2t} + \frac{s_2}{2t} = \frac{\bar{v}_1 + \bar{v}_2}{2}.$$

例2 一个做变速直线运动的质点,通过连续相等 $s_1 = s_2 = s$ 的位移时,平均速度分别为 $\bar{v}_1$ 和 $\bar{v}_2$,求它在 $s_1 + s_2$ 这两段位移上的平均速度 $\bar{v}$.

分析与解答

设通过这两段位移所用的时间分别为 t_1 和 t_2,则

$$\bar{v} = \frac{s_1 + s_2}{t_1 + t_2} = \frac{2s}{t_1 + t_2} = \frac{2}{\dfrac{t_1}{s} + \dfrac{t_2}{s}} = \frac{2\bar{v}_1 \bar{v}_2}{\bar{v}_1 + \bar{v}_2}.$$

同学们以往很熟悉的一种求平均运算,是两数相加除以2. 现在通过例1和例2相对照,可以看到,对应于不同的物理条件求平均的运算方法是不相同的.

三、同步练习

(一) 判断题

1. 研究马路上行驶的自行车的运动速度时,可以把自行车看成质点. ( )
2. 像地球这么大的物体是不能被当作质点的. ( )
3. 因为乒乓球很小,它一定能被当作质点. ( )
4. 路程为零,位移一定为零. ( )
5. 位移为零,路程一定为零. ( )

6. 质点的运动方向不一定是位移的方向. （　）

7. 教室里的"作息时间表"、广播电台报时"现在是北京时间 8 点整"等,按照物理概念,它们所说的"时间"均表示的是时刻. （　）

8. "第 4 s"是一个时刻的概念. （　）

9. 第 2 s 末就是第 3 s 初,它们是同一时刻. （　）

10. 一个由静止开始做变速直线运动的质点,它在第 1s 末的速度是 1 m/s,第 2s 末的速度是 2 m/s,这 2 s 通过的位移是 1 m+2 m=3 m. （　）

(二) 填空题

1. 挂钟的秒针长 15 cm,秒针尖端每经过 1 分钟走的路程为_____,位移为_____.

2. "一江春水向东流",可是乘船在长江中向东航行时,却看到江水向西流,这是因为_____.

3. 只有当质点做_____运动时,位移的大小才等于路程.

4. 一个弹性小球从 1 m 高处竖直下落后,又上弹 0.8 m 高,则小球的位移大小是_____,方向为_____,路程为_____.

5. 用圆规画圆,笔头绕圆心转一周的位移为_____,路程为_____.在这一过程中,笔头位移最大为_____.(设圆半径为 R)

6. 从第 1 s 初到第 2 s 末经过的时间是_____,从第 1 s 末到第 2 s 初经过的时间是_____.

7. 一块石头从高空落下,在第 1 s 内下落 4.9 m,第 2 s 内下落 14.7 m,第 3 s 内下落 24.5 m,则前 2 s 内的平均速度为_____,后 2 s 内的平均速度为_____,第 3s 内的平均速度为_____,3 s 内的平均速度为_____.

(三) 选择题

1. 下列情况中不可看作质点的是 [　]
   A. 从广州航行到北京的飞机
   B. 从地面观察运动中的人造地球卫星
   C. 沿斜面下滑的木块
   D. 宇航员观察他本人所乘坐的宇宙飞船

2. 关于参照物,下列说法正确的是 [　]
   A. 参照物必须是和地面连在一起的物体
   B. 参照物是任意不动的物体
   C. 参照物可选任意物体
   D. 被研究的物体一定要沿参照物所在的表面运动才行

3. 下列说法正确的是 [　]
   A. 第 2 s 比第 1 s 的时间要多 1 s 时间
   B. 位置跟时间对应
   C. 路程跟时刻对应
   D. 匀速直线运动的平均速度和瞬时速度都可以用 $v=\dfrac{s}{t}$ 公式求得

4. 下列说法正确的是 [　]
   A. 时刻与时间都是表示两时刻之间的间隙

B. 第 4 s 表示的是 4 s 时间

C. "离上课还有 15 min"这句话表示的是时间

D. "离上课还有 15 min"这句话表示的是时刻

5. 一位同学在百米赛跑中,经过 11 s 到达终点,下列关于运动员到达终点时刻的说法正确的是 [　　]

　　A. 11 s　　　B. 第 11 s　　　C. 第 11 s 末　　　D. 第 11 s 初

6. 有四个做匀速直线运动的质点,它们运动的速度分别如下,其中运动最快的是 [　　]

　　A. −8 m/s　　B. −3 m/s　　C. 3 m/s　　D. 5 m/s

7. 骑自行车沿斜坡向下不刹车滑行时,经过连续相等的路程,将各段路程的平均速度作比较(图 3.2),有 [　　]

A. $\bar{v}_{AB} = \bar{v}_{BC}$

B. $\bar{v}_{BC} > \bar{v}_{AB}$

C. $\bar{v}_{AC} > \bar{v}_{BC}$

D. $\bar{v}_{AC} = \dfrac{\bar{v}_{AB} + \bar{v}_{BC}}{2}$

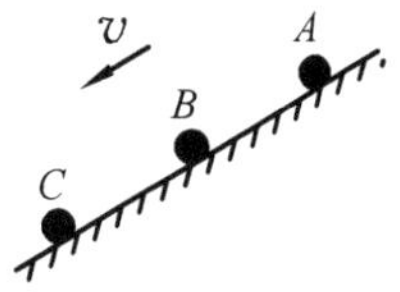

图 3.2

8. 下列所述为平均速度的是 [　　]

A. 汽车在高速公路上运动的速度是 100 km/h

B. 子弹离开枪口时的速度是 760 m/s

C. 火车进站前开始减速时的速度是 120 km/h

D. 以上说法都不对

9. 下列说法正确的是 [　　]

A. 平均速度相等的运动物体,其路程也相等

B. 平均速度是不随时间而改变的

C. 总的平均速度就是所有平均速度的平均值

D. 以上说法都是错误的

10. 下列说法中指的不是瞬时速度的是 [　　]

A. 人步行的速度是 1.3 m/s

B. 子弹从枪筒射出的速度是 800 m/s

C. 物体落地时的速度是 20 m/s

D. 汽车在高速公路上行驶不能超过 120 km/h

3.3 加 速 度

一、知识综述

(一)匀变速直线运动

做直线运动的物体,如果在相等的时间内速度的变化量相等,物体的运动就是匀变速直线运动.按照这个定义,匀变速直线运动速度的变化量跟对应的时间之比是一个常量.

(二) 匀变速直线运动的加速度

1. 加速度的大小.

运动物体的速度变化量 v_t-v_0 跟所用时间 t 之比,就是加速度

$$a=\frac{v_t-v_0}{t}.$$

加速度的大小是速度变化的大小(而不是速度的大小)对时间求平均值,因而表示速度变化的快慢,也叫作速度变化率.

2. 加速度的单位.

在国际单位制中,加速度的单位为 m/s². 如果 $a=5$ m/s²,对它可理解为 $\frac{5 \text{ m/s}}{\text{s}}$,即每秒内速度增加 5 m/s.

3. 加速度的方向.

加速度是矢量,它的方向并不取决于瞬时速度的方向,而是取决于瞬时速度的变化.

以初速度 v_0 为参考方向(正方向)时:

若 $v_t > v_0$(加速运动),则 $a>0$,a 与 v_0 同方向.

若 $v_t < v_0$(减速运动),则 $a<0$,a 与 v_0 反方向.

(注:匀变速直线运动的加速度是常量.非匀变速直线运动是相等的时间里速度变化量不相等的运动,加速度不是常量.)

二、例题分析

例 1 一架喷气式客机以大小为 160 m/s 的速度着陆,需要 32 s 才能完全停止.假设它的运动是匀变速直线运动,试计算这架飞机着陆时的加速度.

分析与解答

设以初速度的方向为正方向,则

$$a=\frac{v_t-v_0}{t}=\frac{0-160}{32} \text{ m/s}^2=-5 \text{ m/s}^2.$$

a 为负值,表示加速度的方向与飞机的初速度的方向相反.

虽然我们在日常生活中用"加速"和"减速"来表示速度加快和减慢,但在物理学中却统一用"加速度"这个词,它既可以表示加速,也可以表示减速. 在以初速度方向为正方向的单向匀变速直线运动中,加速度大于零,表示速度增大,加速度小于零,表示速度减小.

例 2 图 3.3 中 A 和 C 都是光滑斜面,B 是光滑水平面. 将小球从 A 面上某高处释放后,它就向下运动. 经过 B 面再向 C 面运动,达到 C 面上的最高处 M 点瞬时速度为零,然后又返回. 试说明小球处于以下运动状态时,加速度 a 的方向.

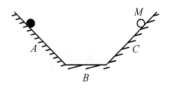

图 3.3

(1) 从 A 面向下运动过程中;

(2) 在 B 面上运动过程中;

(3) 从 C 面向上运动过程中;

(4) 到 M 点的瞬间.

分析与解答

(1) 从 A 面向下做加速运动,$a>0$,a 与速度同方向,即 a 沿斜面向下.

(2) 在 B 面上做匀速运动,速度不改变,故 $a=0$.

(3) 从 C 面向上做减速运动,$a<0$,a 与速度反方向,即 a 沿斜面向下.

(4) 到达 M 点的时刻虽然瞬时速度为零,但加速度不为零.因为小球只是在运动过程中的这一瞬间速度为零,在这个时刻之前极其相近的时刻小球是有速度的(做减速运动);在这个时刻之后极其相近的时刻小球也是有速度的(做加速运动),既然对于前、后相近的时刻都有速度改变量,所以它在 M 点是有加速度的.

小球在 M 点加速度的方向,可以从两个方面来分析:

① 减速向上向 M 点运动时 $a<0$,故 a 跟速度方向相反,即 a 沿 C 斜面向下;

② 从 M 点加速向下运动时 $a>0$,故 a 跟速度方向相同,即 a 沿 C 斜面向下.从这两个方面得出的结论是一致的.

三、同步练习

(一) 判断题

1. 速度变化率就是速度变化的快慢.　　　　　　　　　　　　　　　　( )
2. 速度变化量就是速度变化率.　　　　　　　　　　　　　　　　　　( )
3. 速度大,则加速度一定大.　　　　　　　　　　　　　　　　　　　( )
4. 加速度为零时,速度一定为零.　　　　　　　　　　　　　　　　　( )
5. 速度为零时,加速度不一定为零.　　　　　　　　　　　　　　　　( )
6. 加速度越大,则速度改变量越大.　　　　　　　　　　　　　　　　( )
7. 匀变速直线运动的加速度是常量.　　　　　　　　　　　　　　　　( )
8. 加速度方向总是跟速度方向一致.　　　　　　　　　　　　　　　　( )
9. 非匀变速直线运动的加速度不是常量.　　　　　　　　　　　　　　( )
10. 向东运动的物体可能有方向向西的加速度.　　　　　　　　　　　( )

(二) 填空题

1. 在已学过的物理量中,属于矢量的有_____.

2. 计算匀变速直线运动加速度的定义式是_____,当 a 小于零时,说明 a 的方向与_____.

3. 将小球从地面上的 A 点沿竖直方向抛出,上升到最高点 B,然后又落回到 A 点,它从 A 点向 B 点运动的过程中:位移方向_____,速度方向_____,加速度方向_____.它从 B 点向 A 点运动的过程中:位移方向_____,速度方向_____,加速度方向_____.在最高点 B 处的加速度方向_____.

4. 速度为 18 m/s 向东行驶的火车,制动后经 15 s 停止运动,它的加速度大小为_____,加速度方向_____.

5. 物体做加速还是减速直线运动的条件：当_____时，物体做加速直线运动；当_____时，物体做减速直线运动．

(三) 选择题

1. 下列是有关加速度的几种说法，其中正确的是 [ ]
   A. 加速度是描述物体运动快慢的物理量
   B. 速度改变量越大，加速度越大
   C. 加速度的方向由速度方向决定
   D. 速度改变越快，加速度越大

2. 一个物体做匀变速直线运动，那么在任意相同时间内 [ ]
   A. 加速度变化相同   B. 速度变化量相同
   C. 通过的位移相同   D. 以上说法都不对

3. 在下列各加速度中加速度最大的是 [ ]
   A. $2\ m/s^2$ B. $5\ m/s^2$ C. $-5\ m/s^2$ D. $-8\ m/s^2$

4. 下列说法正确的是 [ ]
   A. 速度变化量越大，加速度越大   B. 速度越大，加速度越大
   C. 加速度一定跟速度同方向   D. 加速度可能跟速度方向相同

*5. 做直线运动的物体，只要它的加速度不为零，则 [ ]
   A. 它的速度一定会增大   B. 它的速度一定会减小
   C. 它的速度一定会改变   D. 它的平均速度不会改变

6. 已知图 3.4 中的 A、B 两个小球分别从高度相同、倾角不同的光滑斜面开始向下运动，它们到达底端时的瞬时速度大小 $v_A = v_B$，但全程的平均速度 $\bar{v}_A < \bar{v}_B$．根据上述已知条件，可知两球的加速度的关系为 [ ]
   A. $a_A > a_B$ B. $a_A = a_B$ 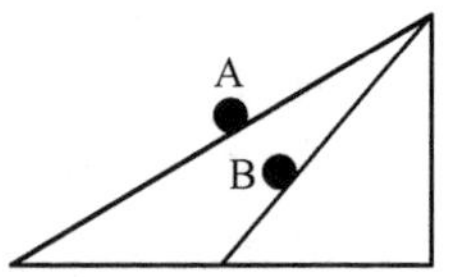
   C. $a_A < a_B$ D. 无法比较

图 3.4

7. 关于速度、速度改变量、加速度，下列说法正确的是 [ ]
   A. 物体运动的速度改变量很大，它的加速度一定很大
   B. 速度很大的物体，其加速度可能很小，可能为零
   C. 某时刻物体的速度为零，其加速度一定为零
   D. 加速度很大时，运动物体的速度一定很大

8. 雨滴从高空由静止下落，由于受空气阻力作用，其加速度逐渐减小，直到变为零，在此过程中雨滴的运动情况是 [ ]
   A. 速度不断减小，加速度为零时，速度最小
   B. 速度不断增大，加速度为零时，速度最大
   C. 位移越来越小
   D. 速度的变化率越来越大

9. 足球以 8 m/s 的速度飞来，运动员把它以 12 m/s 的速度反向踢出，踢球时间为 0.2 s，设球飞来的方向为正方向，则足球在这段时间内的加速度是（设运动员踢足球的力

为恒力) 　　　　　　　　　　　　　　　　　　　　　　　　　[　　]

A. -20 m/s^2　　B. 20 m/s^2　　C. 100 m/s^2　　D. -100 m/s^2

10. 关于加速度概念的描述,下列说法正确的是　　　　　　　　　　[　　]

A. 加速度数值很大的物体,速度必然很大

B. 加速度数值很大的物体,速度的变化量必然很大

C. 加速度数值很大的物体,速度可能减小得很快

D. 加速度数值减小时,速度的值必然随之减小

3.4　匀变速直线运动的规律

一、知识综述

(一) 匀变速直线运动的速度图像

图 3.5 中直角坐标系的横坐标轴上每一点表示时刻,两点的间距是时间;纵坐标轴上的每一点表示瞬时速度,因为 $v_t = v_0 + at$,所以匀变速直线运动的速度图像是直线.

在速度图像中:① 图上任意两点的纵、横坐标差之比就是加速度,即 $a = \dfrac{v_2 - v_1}{t_2 - t_1}$;② 时间 t 内图线下的面积就是位移的大小.

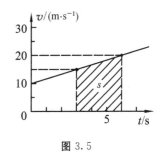

图 3.5

例如,图 3.5 中,$a = \dfrac{15-10}{3}$ m/s$^2 = \dfrac{20-15}{6-3}$ m/s$^2 = \cdots = \dfrac{5}{3}$ m/s^2. 3 s 末至 6 s 末这 3 s 时间内的位移大小,等于图中所示的面积(梯形),即

$$s = \dfrac{15+20}{2} \times 3 \text{ m} = 52.5 \text{ m}.$$

(二) 匀变速直线运动的公式

$$v_t = v_0 + at, \quad\quad\quad ①$$

$$s = v_0 t + \dfrac{1}{2} at^2, \quad\quad\quad ②$$

$$v_t^2 = v_0^2 + 2as, \quad\quad\quad ③$$

$$s = \bar{v} t = \dfrac{v_0 + v_t}{2} t. \quad\quad\quad ④$$

匀变速直线运动共涉及五个参量:v_0、v_t、a、s、t,在推导上述公式时,只有两个非同解方程,因此在解答问题时必须具备三个已知参量,才能求解出其他两个参量,简而言之为"知 3 求 2".

上述每个公式均含四个参量,但式④不含有 a,因此运用式④可以避免求 a,而在 v_0、v_t、s、t 这四个量之间进行"知 3 求 1"的运算.式④的几何意义就是速度图线下的面积.

二、例题分析

例1 匀加速直线运动的汽车,在 5.0 s 内先后通过路旁相距 50 m 的两根电线杆.它经过第二根电线杆时的速度为 15 m/s.求它经过第一根电线杆时的速度和加速度.

分析与解答

因为上面的①、②、③式中,均含有 v_0 和 a 这两个本题要求解的未知数,须列出联立方程式.而式④中不含 a,利用它可以先解出 v_0,然后再用式①求 a,这样可免去解联立方程式的麻烦.

由 $$s=\frac{v_0+v_t}{2}t.$$

得 $$v_0=\frac{2s-v_t t}{t}=\frac{2\times 50-15\times 5}{5}\ \text{m/s}=5\ \text{m/s},$$

$$a=\frac{v_t-v_0}{t}=\frac{15-5}{5}\ \text{m/s}^2=2\ \text{m/s}^2.$$

例2 A、B 两汽车沿同一车道、同向匀速行驶,A 在前以 8 m/s 的速度前进,B 在后以 16 m/s 的速度追赶.当 B 距 A 16 m 时为避免追撞,B 开始减速,求 B 车加速度的最小值.

分析与解答

B 车在 A 车后做匀减速直线运动,直至经过相同的时间,两车到达同一位置——相遇,并且瞬时速度相等——不相撞,达到这样状态的 B 车加速度就是最小加速度.

解法一:

设经过时间 t s,两车相遇且不相撞,如图 3.6 所示. t s 内 A 车的路程为
$$s_A=v_A t=8t.$$

B 车的路程为
$$s_B=s_A+16=8t+16.$$

又根据前面式④,有 $s_B=\dfrac{v_B+v_B'}{2}t$,所以

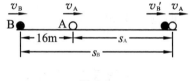

图 3.6

$$8t+16=\frac{v_B+v_B'}{2}t,$$

将 $v_B=16$ m/s 和 $v_B'=v_A=8$ m/s 代入上式,可解得 $t=4$ s.

故 $$a=\frac{v_B'-v_B}{t}=\frac{8-16}{4}\ \text{m/s}^2=-2\ \text{m/s}^2.$$

解法二:

本题也可对 B 车分别写出位移方程和速度方程,解联立方程式:

$$\begin{cases} 8t+16=16t-\dfrac{1}{2}at^2, & \text{(位移方程)} \\ 8=16-at. & \text{(速度方程)} \end{cases}$$

可求得 $a=-2$ m/s.

解法三:

本题还可以用速度图像来求解. 在图 3.7 中, 两车速度图线的交点表示: ① 经过 t s 两车瞬时速度相等; ② 经过 t s, B 车速度图线下的面积比 A 车速度图线下的面积多 16 m(B 比 A 多走 16 m 才会相遇).

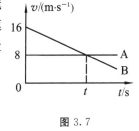

图 3.7

面积差表示如下:

$$\frac{16+8}{2}t - 8t = 16.$$

解得 $t = 4$ s, 再利用它求出

$$a = \frac{v_B' - v_B}{t} = -2 \text{ m/s}^2.$$

例 3 一小车的刹车过程可视为匀变速直线运动, 它的速度方程为 $v_t = (6-2t)$ m/s. 求:

(1) 小车的初速度、加速度;
(2) 第 2 s 末小车的速度;
(3) 小车在 4 s 内的位移.

分析与解答

(1) 小车的速度方程为 $v_t = (6-2t)$ m/s, 与匀变速直线运动公式 $v_t = v_0 + at$ 相对比, 可得到

$$v_0 = 6 \text{ m/s}, \quad a = -2 \text{ m/s}^2.$$

(2) 第 2 s 末小车的速度 $v_2 = 6 - 2t = (6 - 2 \times 2)$ m/s = 2 m/s.

(3) 第(3)小题计算时, 要考虑实际情况, 因为小车的加速度 $a = -2$ m/s², 即每经过 1 s 时间速度就要减小 2 m/s, 所以小车以 $v_0 = 6$ m/s 的初速度运动时, 经过 3 s 时间速度就要减小为零, 即小车运动的时间是 3 s, 所以小车在 4 s 内的位移就等于前 3 s 内的位移, 第 4 s 小车静止不动. 故小车在 4 s 内的位移为

$$s_4 = v_0 t + \frac{1}{2}at^2 = 6 \times 3 \text{ m} + \frac{1}{2} \times (-2) \times 3^2 \text{ m} = 9 \text{ m}.$$

注: 在求解实际问题时, 应考虑过程和结论是否符合实际意义.

***例 4** 一个以初速度为 3.0 m/s 做匀变速直线运动的物体, 经过时间 t 速度变为 10 m/s, 并且最后 1.0 s 内的位移是 t 时间内位移的 $\frac{1}{5}$, 求它在 t 时间内位移的大小.

分析与解答

如图 3.8 所示, 本题给出了两个运动参量的数据 $v_0 = 3.0$ m/s 和 $v_t = 10$ m/s 及一个关联条件 $s' = \frac{s}{5}$, 共三个已知条件. 由于不足三个已知数, 故必须用联立方程求解.

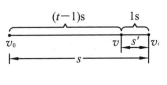

图 3.8

解法一:

设加速度为 a, 时间 $(t-1)$ 末的速度是 v, 列出不含 t 的联立方程:

$$\begin{cases} v_t{}^2 - v_0{}^2 = 2as, \\ v_t{}^2 - v^2 = 2as'. \end{cases}$$

两式相除,消去 a 和 s、s',得

$$\frac{v_t{}^2 - v_0{}^2}{v_t{}^2 - v^2} = \frac{5}{1}.$$

将 $v_0 = 3.0$ m/s 和 $v_t = 10$ m/s 代入上式,可解得 $v = 9.04$ m/s,则

$$s' = \frac{v + v_t}{2} \times 1 = 9.5 \text{ m}, \quad s = 5s' = 47.5 \text{ m}.$$

解法二:

设通过 s 位移所用的时间为 t,列联立方程:

$$\begin{cases} a = \dfrac{v_t - v_0}{t}, & \text{①} \\ \dfrac{v_0 + v_t}{2} t = 5\left(\dfrac{v + v_t}{2} \times 1\right). & \text{②} \end{cases}$$

将 $v_0 = 3$ m/s 和 $v_t = 10$ m/s 代入式①,得 $a = \dfrac{7}{t}$ m/s²,则式②中的 v 可写为

$$v = v_t - a \times 1 = \left(10 - \frac{7}{t}\right) \text{m/s}.$$

将上述 v 和 v_0、v_t 代入式②,则式②写为

$$\frac{3.0 + 10}{2} \times t = 5 \times \frac{10 - \frac{7}{t} + 10}{2}.$$

化简为

$$13t^2 - 100t + 35 = 0,$$

解得 $t = 7.3$ s。所以

$$s = \frac{v_0 + v_t}{2} \times t = \frac{3.0 + 10}{2} \times 7.3 \text{ m} \approx 47.5 \text{ m}.$$

解法三:

本题还可以列出以下联立方程来求解:

$$\begin{cases} a = \dfrac{v_t - v_0}{t}, \\ v_0 t + \dfrac{1}{2} a t^2 = 5\left(v \cdot 1 + \dfrac{1}{2} a \cdot 1\right). \end{cases}$$

三、同步练习

(一) 填空题

1. 某物体从静止开始做匀加速直线运动,在第 1 s 内位移为 5 m,则物体的加速度为_____,物体在前 2 s 内的位移为_____,第 2 s 末的速度为_____,第 2 s 内的位移为_____。

第3章 匀变速运动

2. 高速公路上的汽车由静止开始做匀加速直线运动,5.0 s 内行进 25 m,10 s 末速度为_____ m/s;经过_____ s 速度可达到 120 km/h.

3. 骑自行车以 6.0 m/s 的初速度登上斜坡,做匀减速直线运动,加速度大小为 0.30 m/s²,经过 10 s 通过的距离为_____ m.

4. 图 3.9 是匀加速直线运动质点的速度图像.质点的初速度为_____ m/s,4.0 s 末的速度为_____ m/s,加速度为_____ m/s²,4.0 s 末至 8.0 s 末通过的距离为_____ m.

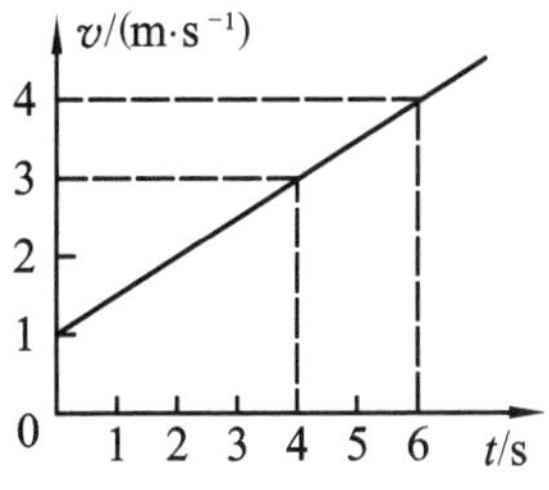

5. 一个做匀变速直线运动的质点,3.0 s 末的速度为 10 m/s,8.0 s 初的速度为 30 m/s,这段时间内通过的距离为_____ m,加速度为_____ m/s².

6. 一个足球以 8.0 m/s 的速度由西向东飞来,被后卫球员以 12 m/s 的速度向西踢出去,踢球的时间是 0.10 s,足球的加速度大小为_____ m/s²,加速度方向为_____.

图 3.9

*7. 一个做匀加速直线运动的质点,第 1.0 s 内的位移为 1.2 m,第 2.0 s 内的位移为 3.2 m,这个质点的加速度为_____ m/s².

(二) 选择题

1. 两个做匀加速直线运动的物体,运动时间相同,下列说法正确的是 [ ]
   A. 初速度大者位移一定大
   B. 末速度大者位移一定大
   C. 加速度大者位移一定大
   D. 平均速度大者位移一定大

2. 质点从静止开始,以 1.0 m/s² 的加速度做匀加速直线运动,下列说法错误的是 [ ]
   A. 1 s 末的速度为 1 m/s
   B. 2 s 末的速度为 2 m/s
   C. 从静止开始,1 s 内的位移为 1 m
   D. 从静止开始,2 s 内的位移为 2 m

3. 对于一个做单向匀减速直线运动的物体,下列说法正确的是 [ ]
   A. 速度越来越小,位移越来越小
   B. 速度越来越小,位移越来越大
   C. 加速度不变,位移越来越小
   D. 加速度越来越小,位移越来越小

*4. 质点做初速度为零的匀加速直线运动,5 s 末到 9 s 末的平均速度为 2.1 m/s,其加速度为 [ ]
   A. 0.3 m/s²
   B. 0.525 m/s²
   C. 0.1 m/s²
   D. 1.05 m/s²

5. 一物体做匀变速直线运动,在 3 s 内从 10 m/s 减小到 1 m/s,方向不变,则物体的加速度大小为 [ ]
   A. 3 m/s²
   B. 6 m/s²
   C. 4 m/s²
   D. 2 m/s²

6. A、B 两个物体在同一直线上做匀变速直线运动,它们的速度图像如图 3.10 所示,则 [ ]
   A. A、B 两物体运动方向相反
   B. 4 s 内 A、B 两物体的位移相同
   C. 4 s 时 A、B 两物体的速度相同
   D. A 物体的加速度比 B 物体的加速度大

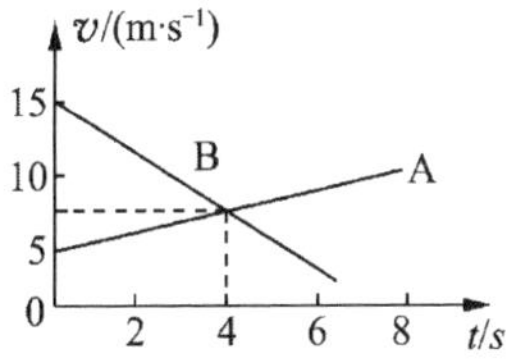

图 3.10

7. 下列图像中,表示物体做匀变速直线运动的图像是 [　　]

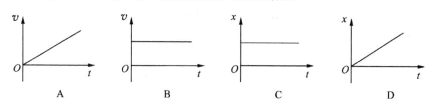

8. 一辆汽车在 4 s 内做匀加速直线运动,初速为 4 m/s,末速为 12 m/s,下列说法不正确的是 [　　]

　　A. 汽车的加速度为 2 m/s^2　　　　B. 汽车每秒速度的变化量为 2 m/s

　　C. 汽车的平均速度为 6 m/s　　　　D. 汽车的位移为 32 m

9. 做匀加速直线运动的物体,速度从 v 增加到 $2v$ 时经过的位移为 x,则它的速度从 $2v$ 增加到 $4v$ 时发生的位移为 [　　]

　　A. $2x$　　　　B. $4x$　　　　C. $6x$　　　　D. $8x$

10. 如图 3.11 所示是 A、B 两个质点做直线运动的位移-时间图像,则 [　　]

　　A. 在运动过程中,A 质点总比 B 质点运动得快

　　B. 在 $0 \sim t_1$ 这段时间内,两质点的位移相同

　　C. 当 $t = t_1$ 时,两质点的速度相等

　　D. 当 $t = t_1$ 时,A、B 两质点的加速度不相等

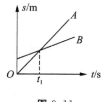

图 3.11

(三) 计算与思考题

1. 一辆汽车以 40 km/h 的速度在市区行驶,当车行驶距交叉路口的停车线 45 m 时,计时交通灯的绿灯显示还剩下 3.0 s 的通行时间. 司机想趁绿灯使汽车加速穿过路口,加速度为 2.0 m/s^2,该车是否会因此违章闯红灯?

2. 战斗机因为翼展较短,因而需要较大的起飞速度,才能产生较大的升力. 某种机型的起飞速度为 180 km/h,最大加速度能达到 5.0 m/s^2. 一艘航空母舰,为了使战斗机能在甲板跑道上滑行 100 m 后升空,舰上的助飞弹射装置必须使飞机在跑道始端具有多大的初速度?

*3. 交通警察设卡堵截肇事汽车,当发现该车以 70 km/h 的速度冲卡时,立即起动警车从静止开始以 2.0 m/s² 的加速度追赶,试计算警车开行多远才能追上该车.

3.5 自由落体运动
3.6 平抛运动

一、知识综述

(一) 自由落体运动

物体只在重力作用下从静止开始下落的运动叫作自由落体运动.

对于一个落体,如果空气的阻力比重力小很多时,该物体也可近似看成自由落体. 一切自由落体下落时的加速度相同,$a = g = 9.8 \text{ m/s}^2 \approx 10 \text{ m/s}^2$.

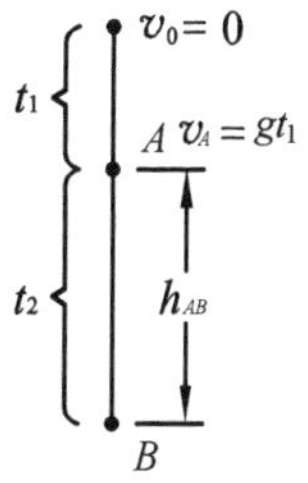

自由落体公式:
$$v_t = gt,$$
$$h = \frac{1}{2}gt^2,$$
$$v_t^2 = 2gh.$$

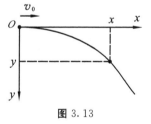

图 3.12

注意:当计算自由落体下落过程中某段高度时,如图 3.12 中的 $h_{AB} \neq \frac{1}{2}gt_2^2$,因为 A 点处对于 h_{AB} 是有初速度的,要计算出 h_{AB},有两种方法:① $h_{AB} = \frac{1}{2}g(t_1+t_2)^2 - \frac{1}{2}gt_1^2$;② $h_{AB} = v_A t_2 + \frac{1}{2}gt_2^2$.

(二) 平抛运动

在不计空气阻力的情况下,平抛运动是由水平方向的匀速运动和竖直方向的自由落体运动合成的.

如图 3.13 所示,水平位移 $x = v_0 t$;竖直位移 $y = \frac{1}{2}gt^2$.

图 3.13

二、例题分析

例 1 自由落体到达地面之前最后 1.0 s 内的位移是全部位移的 $\frac{9}{25}$,求它下落的全部时间.

分析与解答

解匀变速直线运动问题需要三个已知条件,因为自由落体已具备了 $v_0=0$ 和 $a=g$ 这两个条件,所以命题只需给出一个已知条件即可.本题给出的是一个关联条件,宜用联立方程,求解含有关联条件的问题.

如图 3.14 所示,有

$$\begin{cases} h = \dfrac{1}{2}gt^2, \\ \dfrac{16}{25}h = \dfrac{1}{2}g(t-1)^2. \end{cases}$$

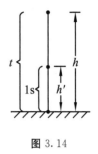

图 3.14

两式相除,消去 h,即可求得 $t=5$ s.

***例 2** 一架水平匀速飞行的轰炸机投下一系列炸弹(逐个投下).在飞行员看来,这些炸弹是怎样运动的?站在地面上的人看到这些炸弹在做什么运动?(不计空气阻力)

分析与解答

相对于在空中运动的炸弹,飞行员和地面上的人是不同的参照物,二者所看到(描述)的是不同的相对运动.

不计空气阻力,炸弹跟飞机在水平方向的运动速度相同,所以在炸弹落地之前,飞行员始终能看到自己逐个投下的炸弹都位于飞机下方的同一竖直线上,即这些炸弹相对于飞机做自由落体运动(图 3.15).

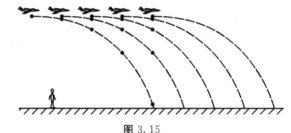

图 3.15

炸弹相对于地面上的人而言,它们同时进行两种运动——水平方向的匀速运动和竖直方向的自由落体运动,这两种运动就合成了平抛运动,所以地面上的人看到每个炸弹各自沿着自己的抛物线运动.如果投弹时间间隔相等,这些炸弹在竖直方向间距之比自上而下是 $1:3:5:7:\cdots$.弹着点之间的水平距离,等于飞机在投弹时间间隔内飞行的距离,是等距离的.

三、同步练习

(一)判断题

1. 任何物体从静止开始下落的运动,都是自由落体运动. ( )
2. 质量大的自由落体比质量小的自由落体下落得快. ( )
3. 雨滴从数百米高空下落到地面的过程中,一直做自由落体运动. ( )
4. 平抛运动是加速度不变的匀变速运动. ( )
5. 物体从一定高度被水平抛出时的初速度越大,它在空中飞行的时间就越长. ( )
6. 在同一高度处,将质量不相等的两个物体以相同的水平初速度同时抛出,则质量小的物体在空中飞行的时间长、水平位移大. ( )

第3章 匀变速运动

(二) 填空题

1. 一物体从 4.9 m 高的地方自由下落,则它经过_____时间落地,它落到地面时的速度是_____.

2. 做自由落体运动的质点,运动的初速度等于_____,经过 1.0 s 后的速度为_____,再经 1.0 s 的速度为_____.

3. 自由落体第 1.0 s 内下落的高度为_____ m,第 2.0 s 内下落的高度为_____ m,2.0 s 末的速度为_____ m/s.

4. 物体从静止开始下落后,在连续相等的三段时间内,下落的三段高度之比为_____.

5. 物体从静止开始下落后,经过两段连续相等的高度所用的时间之比为_____.

6. 在平直轨道上以 25 m/s 速度匀速前进的列车,从车厢窗口掉下一物体,车上旅客看到物体做_____运动,而站在地面上的人看到物体做_____运动.

7. 从楼顶水平抛出一物体,2 s 后物体落在楼前 5 m 平地上,则该楼的高度为_____,抛出时物质的速度为_____.

8. 做平抛运动的物体,其加速度为_____,水平方向的分运动是_____运动,竖直方向的分运动是_____运动.

9. 一个小球从 1.0 m 高的水平桌面滚落下来,落地点距桌子边缘 2.4 m,它刚离开桌面时的速度为_____ m/s.

10. 海岸炮的炮台位于海拔 20 m 的高处,当它对着海面沿水平方向发射的炮弹以 1 200 m/s 的速度飞出炮口时,它的射程为_____ m.(g 取 10 m/s^2,不计空气阻力)

(三) 选择题

1. 做自由落体运动的物体从高度为 h 处落到地面的时间为 t,当物体下落时间为 $\frac{t}{2}$ 时,下落的高度为 [   ]
   A. $\frac{h}{2}$ B. $\frac{h}{4}$ C. $\frac{h}{8}$ D. $\frac{3h}{4}$

2. 平抛运动的物体在空中运动的时间取决于 [   ]
   A. 物体的质量   B. 抛出时的高度
   C. 初速度   D. 抛出时的高度和初速度

3. 从一定高度水平抛出的物体,能决定落地的水平距离的因素是 [   ]
   A. 初速度 B. 初速度和高度 C. 高度 D. 质量

*4. 物体以初速度 v_0 水平抛出,则物体的水平位移和竖直位移相等需经过的时间为 [   ]
   A. 1s B. $\frac{v_0}{g}$ C. $\frac{v_0}{2g}$ D. $\frac{2v_0}{g}$

5. 关于自由落体运动的加速度,下列说法正确的是 [   ]
   A. 重的物体下落的加速度大
   B. 同一地点,轻、重物体下落的加速度一样大(不计阻力)
   C. 这个加速度在地球上任何地方都一样大

D. 这个加速度在地球赤道比在地球北极大

6. 下列关于自由落体运动的说法正确的是 [ ]

A. 物体沿竖直方向下落的运动是自由落体运动

B. 物体初速度为零,加速度为 9.8 m/s² 的运动是自由落体运动

C. 物体只在重力作用下从静止开始下落的运动是自由落体运动

D. 物体在重力作用下的运动是自由落体运动

7. 一个石子从高处释放,做自由落体运动,已知它在第 1 s 内的位移大小是 s,则它在第 3s 内的位移大小是 [ ]

A. $5s$ B. $7s$ C. $9s$ D. $3s$

8. 由高处的某一点开始,甲物体先做自由落体运动,乙物体后做自由落体运动,以乙为参考系,甲的运动情况 [ ]

A. 相对静止 B. 向下做匀速直线运动

C. 向下做匀加速直线运动 D. 向下做自由落体运动

9. 甲的重量是乙的 2 倍,它们从同一地点、同一高度同时下落,则下列说法正确的是 [ ]

A. 无法确定 B. 甲比乙先着地

C. 甲比乙的加速度大 D. 甲、乙同时着地

10. 从某高处释放一粒小石子,经过 1 s 从同一地点再释放另一粒小石子,则在它们落地之前,两粒石子间的距离将 [ ]

A. 保持不变 B. 不断增大

C. 不断减小 D. 有时增大,有时减小

(四) 计算题

1. 1991 年,某市曾发生小孩从 15 层高楼坠下,被楼下勇士双臂接住而获救的惊人事迹. 事后估测,当发现小孩开始坠楼时,救生者从他站的地方冲到坠落处的正下方需要 1.3 s 的时间,15 层楼的每层高 2.8 m,由此可估算出救生者的反应时间(从发现坠落到开始起步冲过去所经历的心理活动时间)不超过几秒?(不计空气阻力)

2. 这是一种简易测子弹速度的方法:竖直放置两块纸板且相距 18 m,使水平射出的子弹连续射穿两块纸板,若测得第二块纸板的孔比第一块纸板上的孔低 1.8 cm,据此就可计算出子弹的速度.

第3章 匀变速运动

本章知识结构

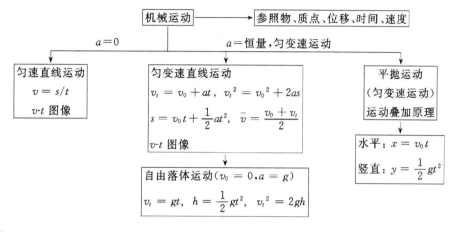

知识窗

为什么远近不同的建筑物相对于火车有"不同"的速度？

火车在原野上奔驰，车厢里的乘客以自己为参照物时，大地上远近不同的建筑物应该是相对于火车以相同的速度向后运动的，这是客观事实．可是乘客的主观感觉似乎是近处建筑物向后运动的速度要快一些，它比远处建筑物在视野里消失得快，这是什么原因呢？要了解这种主观感觉与客观事实背离的现象，需要运用视觉的光学知识．

因为相同大小的建筑物离火车远近不同时，它们在人眼睛里的视角就不同，由此在主观上产生了对物体有近大远小的视觉，即在视觉上感到相同的时间里近处物体比远处物体移动的距离要大．因此看起来，近物比远物相对于火车向后运动的速度大．

正是因为有近大远小的视觉，才使得我们对周围的景物有了立体感，由此对自然界产生了美的感受．但是在观察上述物体的运动时，这种主观感觉却导致了错觉．正如爱因斯坦曾经指出过的：根据直觉观察得出的结论常常不是可靠的．

其实，火车里的乘客除了感到远近不同的建筑物相对于火车有"不同"的速度之外，还感到大地(地面上远近不同的物体)在旋转．当你学到第6章(周期运动)时，可以尝试用角速度的概念来解释这种现象．

本章自测题 A

一、判断题

1. 运动物体在某一时刻的速度很大,而加速度可能为零. ( )
2. 运动物体在某一时刻的速度为零,而加速度可能不为零. ( )
3. 对于一个加速度大于零的变速直线运动物体,若加速度减小时,则物体的速度也减小. ( )
4. 在匀变速直线运动中,某段时间的平均速度等于其中间时刻的瞬时速度. ( )

二、填空题

1. 做匀速直线运动的物体_____不变,做匀变速直线运动的物体_____不变,平抛运动属于_____运动.
2. 物体做初速度为零的匀加速直线运动,3 s末瞬时速度与第3 s内平均速度之比是_____,3 s内的位移与第3 s的位移之比是_____.
3. 甲、乙两人在同一时刻、同一地点向同方向做直线运动,它们的速度-时间图像如图 3.16 所示,甲做_____运动,乙做_____运动,在_____时刻速度相同,经过_____时间发生的位移相同.

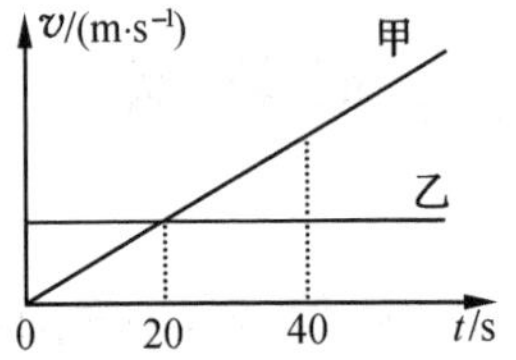

图 3.16

4. 汽车刹车时,速度为 10 m/s,经 2 s停止,其加速度为_____,刹车后前进的距离为_____.
5. 做自由落体运动的物体到达地面的速度是40 m/s,这个物体是从_____高处落下的.(g 取 10 m/s^2)

三、选择题

1. 下列说法正确的是 [ ]
   A. 物体运动的方向是其速度方向
   B. 速度只能反映物体运动的快慢
   C. 路程为零,位移不一定为零
   D. 只要速度大小不变,运动性质就不变

2. 下列是有关加速度的论述,正确的是 [ ]
   A. 加速度是描述物体运动快慢的物理量
   B. 速度改变量越大,加速度就越大
   C. 加速度的方向由速度方向决定
   D. 速度改变越快,加速度越大

3. 物体从某一高度自由落下,刚到达地面时的速度大小与在一半高度时的速度大小之比是 [ ]
   A. $\sqrt{2}:1$ B. $1:\sqrt{2}$ C. $2:1$ D. $4:1$

4. 在同一高度水平抛出的物体,若初速度越大,则 [ ]
   A. 物体通过的水平距离就越大
   B. 物体在空中飞行时间越长
   C. 由于物体的飞行时间越长,所以水平距离就越大
   D. 以上说法都不对

第3章 匀变速运动

5. 几个做匀加速直线运动的物体,在同一时间内位移最大的是 [ ]
A. 初速度最大的物体 B. 末速度最大的物体
C. 加速度最大的物体 D. 平均速度最大的物体

四、计算与思考题

1. 一辆汽车,急刹车时的加速度大小是 5.0 m/s²,如果要使它急刹车后在 22.5 m 内停下来,它的行驶速度不能超过多少?

2. 汽车以 10 m/s 的速度开始下坡,经过 25 s,速度变为 15 m/s,求汽车的加速度和通过的位移.

3. 汽车以 72 km/h 的速度匀速行驶 10 s,然后以 2 m/s² 的加速度匀加速行驶 5.0 s,汽车在这 15 s 内的位移是多少?平均速度是多少?汽车在加速的 5.0 s 内平均速度是多少?

4. 一射击手把枪支在离地面 1.5 m 的高处,使枪弹以 500 m/s 的水平速度向 60 m 远处同一高度的目标正中心飞去,问能否击中?若不能击中,请计算偏离靶心的高度.(不计空气阻力)

5. 自由下落的物体在最后 2 s 内通过的高度是 60 m,则物体下落的高度为多少?(g 取 10 m/s²)

本章自测题 B

一、填空题

1. 火车提速后,为了减小车轮对铁轨接缝处撞击所产生的振动,采用了超长铁轨.当列车以 160 km/h 的速度高速行驶在每节铁轨长为 1 000 m 的路段时,车厢里的乘客每隔_____时间才感觉到一次振动.

2. 伽利略研究匀变速直线运动时曾以为:"匀加速直线运动的速度跟位移成正比",

但他随后发现这是不正确的.因为匀加速直线运动的速度跟位移的关系式是_____
_____.

3. 显像管内电子从阴极到阳极的运动过程中,在 $2.0×10^{-5}$ s 内速度从零增加到 10^8 m/s,其加速度大小是重力加速度的_____倍.

4. 一个质点做匀变速直线运动的位移方程式为 $s=4t+t^2$ (m),它的初速度为_____m/s,加速度为_____m/s².

5. 飞机着陆后匀减速滑行,着陆的速度为 220 km/h,加速度大小为 3.0 m/s²,它要滑行_____m 才会停下来.

6. 一个从静止开始做匀加速直线运动的质点,在前 2.0 s 内的位移为 8.0 m,它在前 5.0 s 内的位移为_____m,第 5.0 s 内的位移为_____m.

7. 一架起重机的最大加速度为 2.0 m/s²,容许最大起重速度为 4.0 m/s.为了尽快地把重物从地面提升到 50 m 高处的楼层,应怎样控制运行速度?用 v-t 图表示出来(图 3.17).

8. 如图 3.18 所示,B 车比 A 车迟启动.B 车经过_____时间可追上 A 车,追上 A 车时,B 车已行驶了_____m.

9. 以初速度 v_1 做匀加速直线运动的质点,经过时间 t 后速度增大为 v_2,相应通过的位移为 s,该质点在 $\frac{t}{2}$ 时刻的速度为_____,时间 t 内的平均速度为_____,在 $\frac{s}{2}$ 处的速度为_____.

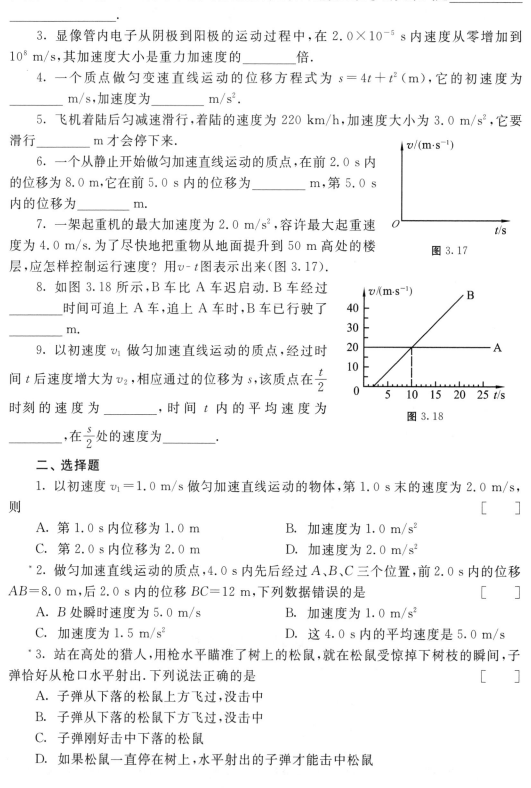

图 3.17

图 3.18

二、选择题

1. 以初速度 $v_1=1.0$ m/s 做匀加速直线运动的物体,第 1.0 s 末的速度为 2.0 m/s,则 [   ]

A. 第 1.0 s 内位移为 1.0 m
B. 加速度为 1.0 m/s²
C. 第 2.0 s 内位移为 2.0 m
D. 加速度为 2.0 m/s²

*2. 做匀加速直线运动的质点,4.0 s 内先后经过 A、B、C 三个位置,前 2.0 s 内的位移 AB=8.0 m,后 2.0 s 内的位移 BC=12 m,下列数据错误的是 [   ]

A. B 处瞬时速度为 5.0 m/s
B. 加速度为 1.0 m/s²
C. 加速度为 1.5 m/s²
D. 这 4.0 s 内的平均速度是 5.0 m/s

*3. 站在高处的猎人,用枪水平瞄准了树上的松鼠,就在松鼠受惊掉下树枝的瞬间,子弹恰好从枪口水平射出.下列说法正确的是 [   ]

A. 子弹从下落的松鼠上方飞过,没击中
B. 子弹从下落的松鼠下方飞过,没击中
C. 子弹刚好击中下落的松鼠
D. 如果松鼠一直停在树上,水平射出的子弹才能击中松鼠

第3章 匀变速运动

三、计算与思考题

1. 列车在一段路程上行驶时,先以速度 v 匀速行驶 $\frac{1}{3}$ 的路程,然后以 $2v$ 的速度匀速行驶 $\frac{1}{3}$ 路程,最后又以速度 v 匀速行驶余下的 $\frac{1}{3}$ 路程,试求它全程的平均速度.

2. 按照检验的规定,行驶速度为 30 km/h 的小汽车在刹车后,滑行的距离不得超过 6.0 m. 一辆受检小汽车,从速度 30 km/h 刹车后经过 1.5 s 而停止滑行,这辆小汽车是否达标?

3. 这是一个简易测重力加速度的方法:在自来水龙头下方放一个平底容器,调节水龙头,使水只能滴下来,并控制成使前一滴水碰到容器底的瞬间、后一滴水恰好开始滴出. 利用直尺和秒表就能测出重力加速度. 试述如何测量并写出计算式.

4. 在高速公路上,为了避免前方汽车突然停止而发生后车追撞前车的事故,行驶中的前后汽车之间不应小于一定的距离. 设某高速公路限制最高车速为 120 km/h,汽车刹车的加速度大小为 4.0 m/s², 汽车司机发现情况后的反应时间是 0.5 s. 试计算防止追撞的最小安全距离.

5. 特技演员骑摩托车飞越长城,飞越的水平距离为 60 m,起飞的水平平台比接车平台高 7.2 m,起飞平台连接的水平跑道长为 100 m. 为了能成功地飞越,这辆特制摩托车的发动机在跑道上至少应产生多大的加速度?

6. 小李讲了一个龟兔赛跑的故事,按照小李讲的故事情节,兔子和乌龟的位移图像如图 3.19 所示,请你依照图像中的坐标,并结合物理学的术语来讲述这个故事. 在讲故事之前先回答下列问题:

(1) 故事中的兔子和乌龟是否在同一地点同时出发?

(2) 乌龟做的什么运动？
(3) 兔子和乌龟在比赛途中相遇过几次？
(4) 哪一个先通过预定位移到达终点（终点位移为 s_3）？

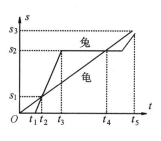

图 3.19

自我总结归纳

本章重点：

本章难点：

易错题集：

加强方向：

心得体会：

第4章 牛顿运动定律 动量守恒定律

4.1 牛顿第一定律
4.2 牛顿第三定律

一、知识综述

(一) 牛顿第一定律

一切物体总保持静止或匀速直线运动状态,直到有外力迫使它改变这种状态为止.这就是牛顿第一定律.

牛顿第一定律适用的条件是物体不受外力,这是个理想化的条件,因为自然界里没有不受外力作用的物体.但是物体如果受外力作用时,外力的合力为零,这样的外力就不会迫使物体改变运动状态,这就是牛顿第一定律的实际应用.

(二) 惯性

从牛顿第一定律可以悟出,物体具有保持原来的静止或匀速直线运动状态的性质,这叫作惯性.一切物体都具有惯性,这是物体的普遍属性,它没有条件限制:物体静止、做匀速直线运动或做变速运动时,它都保持自己的惯性.

(三) 牛顿第三定律

两个物体之间的作用力与反作用力总是大小相等,方向相反,沿同一条直线,分别作用在这两个物体上,这就是牛顿第三定律.

两个物体之间的作用力和反作用力是性质相同的力,它们或同为引力,或同为弹力……

虽然平衡力也具有大小相等、方向相反、沿同一条直线的特点,但是平衡力是作用在同一物体上的两个力,其合力为零.而作用力和反作用力则分别作用在两个物体上,二者不构成平衡.

二、例题分析

例 1 马拉车时,马对车向前的拉力是否大于车对马向后的拉力?马受到车向后的拉力,它为什么不后退反而前进呢?

分析与解答

有的同学虽然熟记了牛顿第三定律,但是面对实际问题时,却往往会违背牛顿第三定律,凭自己的直觉去错误地解答问题.像马拉车、卵击石、拔河等典型问题,是很容易把错误的直觉诱发出来的.

根据牛顿第三定律,马对车向前的拉力大小等于车对马向后的拉力大小.马受到向后的拉力——阻力,却反而会前进,这是因为马还受到向前的力:马蹄蹬地给地面一个向后的作用力,从而获得地面对马蹄作用一个向前的反作用力,这就是使马前进的动力.只要动力大于阻力,马就会由静止开始启动.

推而广之,一切在地面上运动的物体(人行、马跑、车驶……),其动力都是来自地面的反作用力.试想,如果汽车四轮悬空,司机把车发动起来时,汽车能向前开行吗?

例 2 如图 4.1 所示,试分析作用在电灯上的力,并找出这些力的反作用力,试说明作用力和反作用力与平衡力的区别.

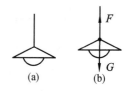

图 4.1

分析与解答

电灯受到重力 G 和导线(或绳)对它向上的拉力 F 的作用,如图 4.1(b)所示.重力 G 的反作用力是电灯对地球的吸引力 G',作用在地球上;拉力 F 的反作用力是电灯对导线(或绳)的拉力 F',作用在导线上.

作用力和反作用力与平衡力的主要区别是:

(1)平衡力是作用在同一物体上,可以使物体平衡.而作用力和反作用力是分别作用在两个不同的物体上,它们不可能平衡.

(2)平衡力可以是不同性质的力,而作用力和反作用力一定属于同一性质的力.

三、同步练习

(一)判断题

1. 没有力的作用,物体是不会运动的. ( )
2. 只有静止或做匀速直线运动的物体才有惯性. ( )
3. 任何物体都有惯性. ( )
4. 同一物体做匀速直线运动的速度越大,它的惯性也越大. ( )
5. 做平抛运动的物体在水平方向的运动是惯性运动. ( )
6. 虽然地球由西向东转,人向上竖直跳起之后,却仍将落回原地,而不会落到原地的西边. ( )
7. 人之所以能把原来静止的小车推动起来,是因为人对车向前的推力大于车对人向

第4章 牛顿运动定律 动量守恒定律

后的推力. ( )
8. 甲对乙的摩擦力就是乙对甲的摩擦力. ( )
9. 甲、乙两队拔河,如果甲队胜了,是因为甲对乙的拉力大于乙对甲的拉力. ( )

(二) 填空题

1. 物体在平衡力作用下,可能处于的运动状态是_____或_____.

2. 在火车里的水平桌面上分别放一只小球和一只水杯,火车沿直线运动.当发现小球忽然向后滚动时,可知火车此时做_____运动,而放在小球旁边的水杯却不像小球一样运动,这是因为_____.

3. 用一个劲度系数为 200 N/m 的弹簧拉一物体在水平面上匀速行驶,弹簧伸长为 10 cm,则弹力的大小为_____,与弹力相平衡的另一个力是_____力,其值是_____ N.

4. 作用力和反作用力与一对平衡力的共同特点是_____,不同之处是_____.

5. 坐在凳上的你受重力和凳的支持力作用,重力和支持力是一对_____,重力的反作用力是_____.

6. 一个跳水运动员所受到的重力为 G,站在跳板上不动时受到的弹力为 F_1,抬起右脚踩一下跳板起跳时受到的弹力为 F_2,这三个力大小的关系为:F_1____G,F_1____F_2. (填">"、"<"或"=").

(三) 选择题

1. 关于力对物体运动状态的影响,下列说法正确的是 [ ]
   A. 力是维持物体运动的原因
   B. 力是改变物体运动状态的原因
   C. 因为物体的惯性是要使物体保持原来的运动状态,所以当力改变物体的运动状态时,物体就没有惯性了
   D. 当物体受到的合力为零时,一定处于静止状态

2. 驾驶汽车飞越黄河的运动过程是:先在助跑坡道上加速,再腾空飞起,到达对岸着陆后减速直至停车.下列关于惯性的说法正确的是 [ ]
   A. 在助跑道上,牵引力使汽车由静止开始加速奔驰,由于驾车既未能保持静止,又在运动过程中未能保持速度不变,所以助跑过程中失去惯性
   B. 只有在腾飞过程中是不依靠牵引力,凭惯性前进的
   C. 着陆后,阻力使汽车减速,由于驾车未能保持速度不变,因而失去惯性
   D. 在上述三个过程中,人和汽车始终有惯性

3. 如果一小球以 2 m/s 的速度在水平面上滚动,它除受重力和支持力以外,无其他力的作用,小球在 5 s 末的速度是 [ ]
   A. 0   B. 小于 2 m/s   C. 2 m/s   D. 大于 2 m/s

4. 水平桌面上放一本书,下列关于作用力与反作用力以及平衡力的说法不正确的是 [ ]
   A. 书对桌的压力就是书的重力

B. 书对桌的压力不作用在书上
C. 书对桌的压力和桌对书的支持力,是一对作用力和反作用力
D. 书的重力和桌对书的支持力,是一对平衡力

5. 关于作用力和反作用力,下列说法正确的是 [ ]
A. 一个作用力和它的反作用力合力等于零
B. 作用力和反作用力可以是不同性质的力
C. 作用力和反作用力总是同时产生,同时消失
D. 两个物体只有处于相对静止时,它们之间的作用力和反作用力的大小才相等

6. 下列说法正确的是 [ ]
A. 用 100 N 的力拉物体,物体不动,则物体对人的反作用力大于 100 N
B. 作用力和反作用力大小相等、方向相反、不能相互平衡
C. 课桌上的书本所受重力的反作用力是桌子对它的支持力
D. 以上说法都不对

4.3 牛顿第二定律

一、知识综述

(一) 牛顿第二定律

在几个力共同作用下,物体的加速度跟所受的合力成正比,跟物体的质量成反比,加速度方向跟合力的方向相同,用公式表示为

$$a = \frac{F_合}{m} \quad 或 \quad F_合 = ma.$$

在国际单位制中 $1\text{ N} = 1\text{ kg} \cdot \text{m/s}^2.$

牛顿第二定律公式还可变形为

$$m = \frac{F_合}{a}.$$

它的物理意义是:同一物体的加速度跟它所受的合力成正比,不能说成物体的质量跟它所受的合力成正比,跟加速度成反比.因为质量是物体自身的属性,它不会随外界的作用力或运动状态的改变而变化.这种情况类似于在初中物理学过的欧姆定律 $I = \frac{U}{R}$,将它变形为 $R = \frac{U}{I}$ 时,该式中的比例关系是 I 跟 U 成正比,伏安法测导体电阻就是根据了这个比例关系.同样,$m = \frac{F_合}{a}$ 为我们提供了一种不用天平测物体质量的方法.

需要注意:$a = \frac{F_合}{m}$ 表明,加速度只是在有合力时才产生,如果某一时刻合力为零,则加速度随即为零,该时刻物体就平衡;如果合力是恒力,则加速度保持不变,物体在合力的作用下就做匀变速运动;如果合力随时间而改变,则加速度也随之变化,物体就做非匀变

第4章 牛顿运动定律 动量守恒定律

速运动.总之,物体的运动状态取决于它所受的力.

(二) 物体的质量与惯性

牛顿第一定律揭示了物体有惯性.根据牛顿第二定律,物体的惯性大小是由物体的质量所决定的,即物体的质量是它的惯性大小的量度.

二、例题分析

例 如图 4.2 所示,水平面上有一个质量 $m=4.0$ kg 的物体,它跟接触面之间的动摩擦因数 $\mu=0.10$.当对物体施以一个跟水平方向夹角 $\alpha=30°$ 的 $F=40$ N 作用力时,求物体的加速度.

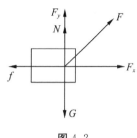

图 4.2

分析与解答

物体受有重力 G、弹力 N、摩擦力 f 和拉力 F,加速度是由合力产生的.由于力的个数较多,不宜用平行四边形定则逐次求合力,而宜采用正交分解法求合力.

将 F 正交分解为

$$\begin{cases} F_x = F \cdot \cos\alpha = 40 \times \dfrac{\sqrt{3}}{2} \text{ N} \approx 34.6 \text{ N}, \\ F_y = F \cdot \sin\alpha = 40 \times \dfrac{1}{2} \text{ N} = 20 \text{ N}. \end{cases}$$

由于物体在竖直方向上是平衡的,故 $N + F_y - G = 0$,

得 $N = G - F_y = mg - F_y = (39.2 - 20) \text{ N} = 19.2 \text{ N}.$

滑动摩擦力 $f = \mu N = 0.10 \times 19.2 \text{ N} = 1.92 \text{ N}.$

合力 $F_合 = F_x - f = (34.6 - 1.92) \text{ N} = 32.68 \text{ N}.$

加速度 $a = \dfrac{F_合}{m} = \dfrac{32.68}{4.0} \text{ m/s}^2 = 8.17 \text{ m/s}^2.$

必须指出,运用正交分解法求合力时,一般是使正交轴的一个轴跟加速度方向重合,这样就可以在加速度的垂直方向上获得一个平衡方程式.

三、同步练习

(一) 判断题

1. 物体在恒力作用下,一定做匀变速直线运动. （ ）

2. 一根原长为 l 的弹簧沿水平方向被拉伸后再释放时,弹簧在恢复原长的过程中拉着光滑水平面上的物块一起向左运动(图 4.3),在恢复到原长之前物块的加速度越来越小. （ ）

3. 地面上一个质量 $m = 100$ kg 的箱子,受到绳子作用的 $F = 100$ N 的竖直向上拉力时,箱子将以 $a = \dfrac{F}{m} =$

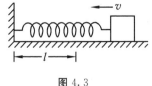

图 4.3

$\frac{100}{100}$ m/s²＝1 m/s² 的加速度竖直向上做加速运动. ( )

(二) 填空题

1. 质量为 1.0 kg 的物体在 F 力作用下获得 1.0 m/s² 的加速度时，F 的大小等于_____.

2. 物体的惯性大小是由_____所决定的.

3. 某个物体在 4.0 N 的合力作用下产生的加速度为 2.0 m/s²，该物体的质量等于_____；当合力增大为 8.0 N 时，该物体的加速度等于_____.

4. 原来静止的质量为 3.0 kg 的物体，在受到一个方向向东的力作用时，以 2.0 m/s² 的加速度运动. 为了使该物体恢复到平衡状态以匀速运动，应对它再作用一个方向_____，大小等于_____的作用力.

5. 物体所受合外力为零时，物体处于_____状态；合外力为恒量时物体做_____运动；合外力为变量时，物体做_____运动.

6. 吊车在 2.0 s 内把质量为 50 kg 的物体由静止吊起，匀加速达到 0.8 m/s，则物体的加速度为_____，钢丝绳对物体的拉力为_____.

(三) 选择题

1. 物体处于静止状态的条件是 [ ]
   A. 速度为零、合外力为零
   B. 速度为零、合外力不为零
   C. 合外力恒定不变
   D. 加速度为零

2. 关于牛顿第二定律，下列说法正确的是 [ ]
   A. 质量越大的物体，其加速度一定越小
   B. 根据牛顿第二定律 $m=\frac{F_合}{a}$，因此 m 跟 $F_合$ 成正比，跟 a 成反比
   C. 物体做减速运动时，加速度的方向跟合力的方向相反
   D. 以上三个说法都是错误的

*3. 商场里的电动扶梯始终在匀速运转. 一个人原来静止站在电梯前的地面上，当他第一步踏上电梯时即由静止变成运动，以后将随电梯沿着斜向上的方向做匀速运动. 这个人的受力状态应该是 [ ]
   A. 从第一步踏上电梯和随后匀速运动的全过程中，人只受重力和支持力
   B. 从第一步踏上电梯和随后匀速运动的全过程中，人始终受有重力、支持力和水平向前的静摩擦力
   C. 从第一步踏上电梯和随后的匀速运动全过程中，人始终受有重力、支持力和沿速度方向(斜向上的方向)的静摩擦力
   D. 只是在第一步踏上电梯，使人由静止变成运动的过程中，人才受有重力、支持力和水平向右的静摩擦力，当人获得了跟电梯相同的速度之后，就只受重力和支持力了

4. 当物体受到的外力增大为原来的 4 倍，而质量减小为原来的一半时，其加速度将是原来的 [ ]
   A. 8 倍   B. 6 倍   C. 4 倍   D. 2 倍

第4章 牛顿运动定律 动量守恒定律

(四) 计算题

1. 水平地面上的一个箱子质量为 20 kg,箱子跟地面之间的动摩擦因数为 0.20.当用 80 N 的水平力推箱子时,能产生多大的加速度?

2. 伞兵和他携带的武器共重 850 N,当他离开机舱而不张开降落伞时,是以 9.6 m/s² 的加速度下降,问空气对伞兵的阻力是多大? 当伞兵下落到某个高度再打开降落伞准备着地时,他就匀速下落了,这时的空气阻力又是多大?

3. 用竖直钢绳牵引一个质量为 600 kg 的升降机,先以 3.0 m/s² 的加速度上升;再匀速上升;最后以 3.0 m/s² 的加速度减速上升.设运动中的阻力始终为 400 N,试求上述三种状况下钢绳中的拉力大小.(g 取 10 m/s²)

4.4 牛顿运动定律的应用

一、知识综述

匀变速直线运动的几个公式中都含有加速度,这几个公式都可以变形为加速度的表达式:

$$a = \frac{v_t - v_0}{t}, \quad a = \frac{2(s - v_0 t)}{t^2}, \quad a = \frac{v_t^2 - v_0^2}{2s}.$$

将牛顿第二定律公式 $a = \frac{F}{m}$ 与上面匀变速直线运动公式对照,就可以知道加速度是联系力和运动的纽带,联合运用这些公式,就能解答力和运动的综合性问题,这种综合性问题共涉及 v_0, v_t, a, s, t, F, m 七个物理量,所须解答的问题可分为两类,思路如下:

(一) 已知物体的受力状况,求解运动情况

解题步骤为,先利用牛顿第二定律求出加速度,然后将加速度代入匀变速直线运动公式,即可解出待求运动的物理量.

(二) 已知物体的运动状况,求它受的力

解题步骤是,先利用匀变速直线运动公式求出加速度,然后将加速度代入牛顿第二定

律公式中,即可解出待求的力.

思路图示为

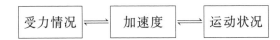

二、例题分析

例 1 一辆质量 $m=4.0\times10^3$ kg 的汽车在水平路面上行驶时,司机突然发现有人骑自行车抢道横穿马路,汽车虽然急刹却还是撞倒了自行车.交通警察进行事故调查时,测得汽车在干路面上擦出的黑色痕迹有 10 m 长.根据这段路面与汽车轮胎的动摩擦因数 $\mu=0.90$,警察估算出了汽车刚刹车时的初速度 v_0,以便判定汽车是否违章超速行驶.警察是怎样估算的?

分析与解答

题中已知 $s=10$ m 的位移和刹车后末速度 $v_t=0$,仅凭这两个已知量是无法利用匀变速直线运动公式求 v_0 的(没有达到"知 3 求 2").但是题中给出了汽车质量和受力状况:汽车受重力 G、支持力 N 和滑动摩擦力 $f=\mu N$,据此可以利用牛顿第二定律求出加速度 a. 由 a、s 和 v_t 这三个量就可解出 v_0.

解法一:

汽车的重力 $G=mg=4.0\times10^3\times9.8$ N $=39.2\times10^3$ N. 由于汽车在竖直方向上是平衡的,所以支持力 N 的大小等于重力 G.

滑动摩擦力 $f=\mu N=0.90\times39.2\times10^3$ N $=3.528\times10^4$ N,

加速度 $a=\dfrac{-f}{m}=\dfrac{-3.528\times10^4}{4.0\times10^3}$ m/s² $=-8.82$ m/s².

因为汽车做匀减速运动,故加速度为负值.

由 $v_t^2=v_0^2+2as$,得 $v_0=\sqrt{v_t^2-2as}=\sqrt{2\times8.82\times10}$ m/s ≈13.28 m/s.

解法二:

采用文字代数运算,最后代入数字.

摩擦力 $f=\mu N=\mu mg$.

加速度 $a=\dfrac{-f}{m}=-\mu g$.

初速度 $v_0=\sqrt{v_t^2-2as}=\sqrt{2\mu gs}=\sqrt{2\times0.90\times9.8\times10}$ m/s ≈13.28 m/s.

从代数运算的结果 $v_0=\sqrt{2\mu gs}$ 可以看出,初速度跟汽车的质量无关,即命题中给出的汽车质量是个多余的已知条件.解法二跟解法一的不同之处,就在于它避免了对 m 既乘(求 f 时)又除(求 a 时)的多余运算,因而比较简捷.

*__例 2__ 质量 $m=10$ kg 的物体,在 $F=40$ N 水平向右的力作用下,在水平地面上开始运动,物体运动时受到的滑动摩擦力 $f=30$ N,在开始运动的 5 s 末撤去 F,求物体从开始运动到最后停止共发生的位移.

第4章 牛顿运动定律 动量守恒定律

分析与解答

牛顿第二定律 $F_合=ma$ 具有瞬时性,即物体所受的合力 $F_合$ 变化了,其加速度 a 也同时变化,运动性质也会随之变化.开始有力 F 的作用(受力情况见图4.4),物体做匀加速直线运动,而撤去 F 后(受力情况见图4.5),物体在滑动摩擦力作用下做匀减速直线运动,因此整个运动应分成两段来求

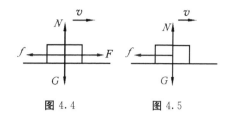

图4.4   图4.5

解,要求出各自的加速度,再由匀变速直线运动的公式 $s=v_0t+\frac{1}{2}at^2$ 或 $v_t^2=v_0^2+2as$,求出各自的位移.注意:物体在5 s末的速度 v 既是第一段运动的末速度,又是第二段运动的初速度.

依题意,物体的运动分为两段:① 开始做初速度为零的匀加速直线运动,运动了5 s,设通过的位移为 s_1;② 接着做匀减速直线运动,直到停止,$v_t=0$,设通过的位移为 s_2.

在①阶段:由 $F_合=ma$,取运动方向为正方向,可得

$$a_1=\frac{F-f}{m}=\frac{40-30}{10}\text{ m/s}^2=1\text{ m/s}^2,$$

$$s_1=\frac{1}{2}a_1t_1^2=\frac{1}{2}\times 1\times 5^2\text{ m}=12.5\text{ m}.$$

在②阶段: $$a_2=\frac{-f}{m}=\frac{-30}{10}\text{ m/s}^2=-3\text{ m/s}^2.$$

物体在5 s末的速度为 $v=a_1t_1=1\times 5\text{ m/s}=5\text{ m/s}$,

$$s_2=\frac{-v^2}{2a_2}=\frac{-5^2}{2\times(-3)}\text{ m}\approx 4.2\text{ m}.$$

因此物体从开始运动到最后停止共发生的位移为 $s=s_1+s_2=16.7\text{ m}$.

例3 质量 $m=70$ kg 的滑雪者,以 $v_0=3.0$ m/s 的初速度沿坡道匀加速下滑,坡道的倾角 $\theta=30°$.在 $t=5.0$ s 内滑行的路程 $s=60$ m.试求此人滑行时受到的阻力(包括滑动摩擦力和因速度较大而受到的不可忽略的空气阻力).

分析与解答

本题已知匀变速直线运动的三个条件:v_0、t、s,运动情况是确定的,可由此求出加速度.然后即可将加速度代入牛顿第二定律公式,求解未知力.

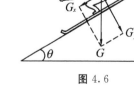

图4.6

由 $$s=v_0t+\frac{1}{2}at^2,$$

求得

$$a=\frac{2(s-v_0t)}{t^2}=\frac{2\times(60-3.0\times 5.0)}{5.0^2}\text{ m/s}^2=3.6\text{ m/s}^2.$$

人受到重力 G、支持力 N 和阻力 f,如图4.6所示.将 G 沿斜面和与斜面垂直方向正交分解,由于在与斜面垂直方向上二力平衡,所以人受到的合力为

$$F_合=G_x-f=G\sin\theta-f.$$

根据牛顿第二定律 $G\sin\theta-f=ma,$

解得

$$f = G\sin\theta - ma = (70 \times 9.8 \times \sin30° - 70 \times 3.6)\,\text{N} = 91\,\text{N}.$$

三、同步练习

(一) 填空题

1. 一个质量为 0.20 kg 的物体,初速度为 1.0 m/s,它在一个跟速度方向相同的 4.0 N 力作用下,5.0 s 末的速度等于_____ m/s.

2. 质量为 0.10 kg 的木块原来静止在水平桌面上,木块与桌面间的动摩擦因数为 0.30,木块受到 0.40 N 的水平作用力后,开始做匀加速直线运动,加速度为_____ m/s^2,它通过 0.80 m 的距离所用的时间为_____ s.

3. 质量为 0.5 kg 的物体放在光滑的水平面上,大小为 1.0 N 的水平外力对其作用 2.0 s 后撤去,则物体在 2.0 s 内的位移为_____,第 5.0 s 内的位移为_____.

4. 一辆质量为 3.0×10^3 kg 的汽车,原来以 10 m/s 的速度前进,为使它在 30 s 内做匀减速运动并最终停下来,要用_____ N 的阻力.

5. 要使一枚质量为 4 kg 的人工降雨火箭在 10 s 内匀加速地竖直升入 600 m 高的云层爆炸,火箭上升的加速度大小是_____,火箭的推力为_____.(设火箭上升过程中质量不变)

6. 一个物块沿光滑斜面由静止开始下滑,斜面的倾角为 30°,当它的速度达到 4.9 m/s 时,经过的时间为_____ s.

7. 一个质量为 20 kg 的物体,受到两个互成 90°的力作用,这两个力都是 10 N,物体由静止开始运动,3.0 s 内物体的位移为_____ m.

8. 当你站在观光电梯里,设你的体重为 G,你对电梯地板的压力数值为 N,则当电梯向上_____运动时,$N>G$;当电梯向上_____运动时,$N<G$;当电梯向上_____运动时,$N=G$.

(二) 选择题

1. 一个物体在两个力共同作用下处于匀速直线运动状态,并且已知这两个力中的一个力跟物体的速度在同一直线上.当撤去其中一个力之后,物体将处于的运动状态是 [   ]

   A. 一定做匀加速直线运动
   B. 一定做匀减速直线运动
   C. 可能做匀速直线运动
   D. 可能做匀加速直线运动,也可能做匀减速直线运动

2. 一个物体在力 F 作用下,由静止开始做匀加速直线运动,当力 F 逐渐减小时,物体的运动状态将是 [   ]

   A. 加速度逐渐减小,速度逐渐减小,加速度的方向跟速度的方向相反,加速度的方向跟力 F 的方向相反
   B. 加速度逐渐减小,速度逐渐减小,加速度的方向跟速度的方向相同,加速度的方

第4章 牛顿运动定律 动量守恒定律

向跟力 F 的方向相同

C. 加速度逐渐减小,速度逐渐增大,加速度的方向跟速度的方向相反,加速度的方向跟力 F 的方向相同

D. 加速度逐渐减小,速度逐渐增大,加速度的方向跟速度的方向相同,加速度的方向跟力 F 的方向相同

3. 物体沿着长 5.0 m、高 3.0 m 的斜面下滑,物体和斜面间的动摩擦因数为 0.25,则物体下滑时的加速度为 [　　]

A. $\dfrac{2g}{5}$　　　B. $\dfrac{3g}{5}$　　　C. $\dfrac{g}{5}$　　　D. g

4. 下列情况中电梯钢索的拉力最大的是 [　　]

A. 匀速上升时　　　　　　　　B. 减速上升时
C. 加速下降时　　　　　　　　D. 减速下降时

(三) 计算题

1. 质量为 1.0×10^6 kg 的列车从车站出发做匀加速直线运动,经过 100 s 通过的距离为 10^3 m. 列车运动中受到的阻力是车重的 5.0×10^{-3} 倍,试求机车的牵引力.

2. 科学家曾于 1966 年在地球的上空完成了利用牛顿第二定律测定飞行体质量的实验,研究发现一种测定在轨道中运行物体的未知质量的方法. 实验时,用质量 $m_1 = 3\,400$ kg 的双子星号宇宙飞船,连接正在轨道中运行的无动力火箭组,去测火箭组的质量 m_2. 连接后,开动飞船尾部的推进器,使飞船和火箭组共同加速. 推进器以 895 N 的平均推力运行 7.0 s,测出它们的速度改变量为 0.91 m/s. 试求火箭组的质量 m_2.

3. 质量为 10 kg 的物体,沿倾角为 30° 的斜面由静止开始下滑,物体跟斜面间的动摩擦因数为 0.25. 在 2.0 s 内物体由斜面顶端滑到了底端. 试求物体的加速度和斜面的长度.(g 取 10 m/s²)

4.5 动量 动量定理
4.6 动量守恒定律 反冲运动

一、知识综述

(一) 动量和冲量

物体的质量 m 跟它的速度 v 的乘积 mv 叫作动量. 动量是矢量,速度的方向就是动量的方向. 在国际单位制中,动量的单位是 kg·m/s.

作用在物体上的力 F 跟 F 持续作用的时间 t 的乘积 Ft 叫作冲量. 冲量是矢量,它跟力的方向相同. 在国际单位制中,冲量的单位是 N·s.

$$1 \text{ N·s} = (1 \text{ kg·m/s}^2) \cdot \text{s} = 1 \text{ kg·m/s}.$$

(二) 动量定理

由牛顿第二定律和加速度的定义,可以得到

$$F_合 = ma = m\frac{v_t - v_0}{t},$$

$$F_合 t = mv_t - mv_0.$$

上述表明,作用在物体上的合力冲量等于物体的动量改变量,这就是动量定理.

当作用在物体上的力随时间而变化时,可以证明,在变力的情况下动量定理仍是适用的. 对于变力的情况,动量定理中的力应理解为变力在作用时间内的平均值. 例如,子弹击中目标时子弹受到的阻力,锤子击打钉子时钉子受到的力都是变力,用动量定理可计算这些力的平均值.

(三) 动量守恒定律

多个物体组成的系统如果不受外力(或外力的合力为零),系统的总动量保持不变,这就是动量守恒定律. 这个定律也可以表述为:内力不能改变系统的总动量.

动量守恒定律比牛顿运动定律的适用范围广,它是自然界普遍适用的基本规律之一. 不论是宏观物体的运动还是微观粒子的运动,不论是低速运动还是高速运动,也不论是什么性质的内力,动量守恒定律皆适用.

在本书的学习范围内,主要根据动量守恒定律来认识反冲运动.

二、例题分析

例 1 一个质量为 0.18 kg 的垒球,以 30 m/s 的水平速度向东飞来,它被球棒迎击后以 45 m/s 的水平速度向西飞去,该球的动量变化了多少?如果击球时间为 0.18 s,球棒对垒球的平均打击力是多少?

第4章 牛顿运动定律 动量守恒定律

分析与解答

动量是矢量,动量的变化包括它的大小和方向的变化.为了求得垒球动量的变化,先要确定击球前后的动量大小和方向.因为击球前后垒球沿同一直线(东西方向)运动,所以选择一个正方向之后,动量的方向就可以用正或负来表示.例如,取向东为正方向,击球前的动量为正值,

$$mv_0 = 0.18 \times 30 \text{ kg} \cdot \text{m/s} = 5.4 \text{ kg} \cdot \text{m/s},$$

击球后的动量为负值,

$$mv_t = -0.18 \times 45 \text{ kg} \cdot \text{m/s} = -8.1 \text{ kg} \cdot \text{m/s},$$

动量改变量 Δmv 为

$$mv_t - mv_0 = (-8.1 - 5.4) \text{ kg} \cdot \text{m/s} = -13.5 \text{ kg} \cdot \text{m/s},$$

平均打击力为

$$F = \frac{mv_t - mv_0}{t} = \frac{-13.5}{0.18} \text{ N} = -75 \text{ N}.$$

负号表示垒球的动量改变量向西,受到的打击力向西.

例2 质量为 200 g 的球以 27 m/s 的竖直速度落在水平放置的一块钢板上,又以 13 m/s 的速度竖直弹起,若碰撞的时间是 0.01 s. 求:(1)在球与钢板碰撞时作用在球上的冲量;(2) 球作用在钢板上的平均冲力.(g 取 10 m/s²)

分析与解答

选球为研究对象,题中涉及冲量、力等物理量都是矢量,因此要考虑方向,用"＋""－"号来表示方向.(方向与正方向一致的用"＋"表示,方向与反方向一致的用"－"表示)

取竖直向下的方向为正方向,小球的受力图如图4.7所示.

根据动量定理,作用在球上的冲量为

$F_合 t = mv_t - mv_0 = 0.2 \times (-13 - 27) \text{ N} \cdot \text{s} = -8 \text{ N} \cdot \text{s},$

$F_合 = \frac{mv_t - mv_0}{t} = \frac{-8}{0.01} \text{ N} = -800 \text{ N},$

$N = F_合 - G = (-800 - 0.2 \times 10) \text{ N} = -802 \text{ N}.$

图 4.7

对钢板的平均冲力是 N 的反作用力,所以 $N' = -N = 802 \text{ N}$,方向向下.

三、同步练习

(一) 填空题

1. 若 2 kg 的物体受到向东的 4 N 的合外力作用了 0.5 s 时间,合外力的冲量为 _____,方向 _____.

2. 50 g 小球以 20 m/s 的竖直速度落在水平地面上,又以 10 m/s 的速度弹起,则小球的动量改变量的大小是 _____ kg·m/s.

3. 一个小孩质量为 30 kg,当小孩以 0.50 m/s 的速度行走时,他的动量大小为 _____ kg·m/s;一颗质量为 20 g 的子弹从枪口射出时的速度为 800 m/s,它的动量

大小为_____ kg·m/s,二者谁的动量大?答:_____.

4. 质量为 0.70 kg 的足球,以 15 m/s 的水平速度飞向球门,被门框以 12 m/s 的水平速度反向弹回,若球与门框相撞经历的时间为 0.01 s,足球动量变化大小等于_____ kg·m/s,相撞时受到的平均作用力大小等于_____ N.

5. 动量守恒定律适用的条件是_____.

6. 炮弹爆炸后,各弹片_____向同一方向飞出.(填"能"或"不可能")

7. 在光滑的溜冰场上,有甲、乙两个静止的溜冰运动员,甲质量大,他们相互推一下,获得的速度关系是 $v_甲$_____$v_乙$.(填">"、"="或"<")

8. 如图 4.8 所示,把两个小车 A 和 B 静止地放在光滑水平的玻璃板上,用细线拴住两个小车,并且在两车之间放入一个被压缩了的弹簧,这时它们的总动量等于_____.当把细线剪断后,两车的动量大小_____,方向_____,两车的总动量为_____;如果 A 车的质量是 B 车质量的 2 倍,那么两车的运动速度相比较 v_A_____v_B.(填">"、"<"或"=")

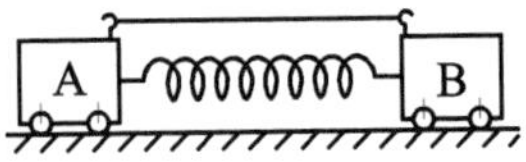

图 4.8

(二) 选择题

1. 关于动量和动量定理,下列说法正确的是 [ ]
   A. 质量大的物体动量一定大
   B. 速度大的物体动量一定大
   C. 受到合力大的物体,动量改变量一定大
   D. 在动量改变量一定的情况下,合力越小,则合力作用的时间越长

2. 下列说法错误的是 [ ]
   A. 动量是描述物体运动状态的物理量
   B. 冲量是物体动量变化的原因
   C. 力的冲量方向一定与力的方向相同
   D. 力对物体的冲量方向一定与物体的动量方向相同

3. 物体受到的冲量越大,那么 [ ]
   A. 它的动量一定大
   B. 它的动量变化一定大
   C. 它受到力的作用时间一定长
   D. 它受到的作用力一定大

4. 下列说法错误的是 [ ]
   A. 当物体的动量变化一定时,对物体的作用力与力的作用时间成反比
   B. 一定质量的物体,若它的动量不变,则它一定静止或做匀速直线运动
   C. 物体的动量变化得越快,它受到的合力越大
   D. 乒乓球碰拍后,当它以同一速率反向弹回,则它的动量未变

5. 质量为 2.0 kg 的物体速度由 4.0 m/s 变为 −6.0 m/s,它所受的冲量是 [ ]
   A. −20 N·s   B. 20 N·s   C. 8 N·s   D. −12 N·s

6. 前面以匀变速直线运动计算过一个勇士张开双臂接住坠楼小孩的反应时间.现在

第4章 牛顿运动定律 动量守恒定律

讨论小孩的运动,如果小孩不幸坠落在硬地上就会危及生命,这是因为 [ ]
A. 被臂接住时小孩的动量小于落到硬地时的动量
B. 被臂接住时小孩的动量改变量小于落到硬地时的动量改变量
C. 被臂接住时小孩的动量改变量等于落到硬地时的动量改变量,但是被臂接住时动量改变经历的时间较长
D. 被臂接住时小孩受到的冲量小于落到硬地时受到的冲量

7. 在合外力为零的条件下,两个物体相互作用,则 [ ]
A. 一物体减少多少速度,另一物体就增加多少速度
B. 一物体减少多少动量,另一物体就增加多少动量
C. 作用前两物体的总动量不一定等于作用后它们的总动量
D. 相互作用前两物体的总动量小于相互作用后的总动量

本章知识结构

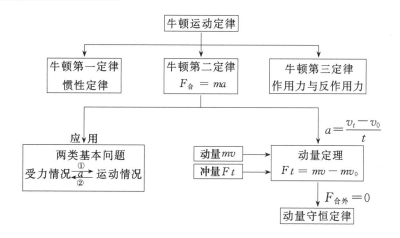

本章自测题 A

一、判断题

1. 物体的运动方向必与物体所受合外力的方向一致. ( )
2. 共点的几个力作用在运动物体上,当合力为零时,此物体速度一定不变化. ( )
3. 若物体所受的冲量越大,其动量一定越大. ( )
4. 若物体的速度大小不变,其动量一定不变. ( )
5. 做自由落体运动的物体,在相等的时间间隔内受到的冲量相等. ( )

二、填空题

1. 质量为 1 kg 的静止物体,在光滑水平面上受到三个互成角度的水平力作用而处于平衡状态,三个力分别为 $F_1=10$ N,$F_2=5$ N,$F_3=7$ N,让 F_2 在 0~5 N 之间变化,当 F_2 变为零时,物体做_____运动,它的加速度大小为_____ m/s², 接着 F_2 由零逐渐

增大时,物体的加速度将变_____,其速度将变_____,当 F_2 增至 5 N 时,物体的加速度为_____,物体做_____运动.

2. 在国际单位制中,力学的基本单位是_____、_____和_____.

3. 一个质量为 2.5 kg 的物体,以 10.8 m/s² 的加速度竖直向下运动,这个物体除受重力作用以外,还受到一个大小为_____N,方向_____的力的作用.

4. 用弹簧测力计在水平桌面上沿水平方向拉一物体,使物体做匀速直线运动,读数是 0.5 N,然后以 1 m/s² 的加速度拉动该物体,读数是 2 N,则此物体的质量是_____.

5. 当物体所受合外力的方向与运动方向一致时,如果合外力逐渐减小,则加速度将逐渐_____,速度将逐渐_____.当物体所受合外力的方向与运动方向相反时,如果合外力逐渐减小,则加速度将逐渐_____,速度将逐渐_____.

6. 质量为 10 kg 的物体以 10 m/s 的速度做直线运动,在受到恒力作用 4 s 后,速度变为 −2 m/s,物体受到的冲量为_____,力 F 的大小为_____,力 F 的方向_____.物体受力前动量为_____,受力后动量为_____.

三、选择题

1. 物体 A 的质量是物体 B 的质量的 2 倍,当 A 自由落下,而将 B 以 9.8 m/s 的速度竖直向下抛出,它们的加速度之比 $a_A : a_B$ 是 [　　]

　　A. 1∶1　　B. 1∶2　　C. 2∶1　　D. 1∶4

2. 下列关于物体质量的说法正确的是 [　　]

　　A. 跟物体所受的合外力成正比

　　B. 跟物体的加速度成正比

　　C. 跟物体的加速度和所受的合外力无关

　　D. 物体的惯性与质量无关

3. 下列关于惯性的说法正确的是 [　　]

　　A. 只有静止或做匀速直线运动的物体才有惯性

　　B. 物体由静止状态开始运动的过程中才有惯性

　　C. 物体由运动状态突然静止下来时才有惯性

　　D. 物体在各种情况下都有惯性

4. 升降机的地板上有一个 10 kg 的物体,升降机在上升过程中做匀变速运动,某一时刻的速度为 10 m/s,经过 2 s 速度变为 6 m/s,则物体对地板的压力大小为(g 取 10 m/s²) [　　]

　　A. 100 N　　B. 120 N　　C. 80 N　　D. 70 N

5. 甲球的质量是乙球的 2 倍,若两球在光滑水平面上相向运动碰撞后均变为静止状态,下列说法错误的是 [　　]

　　A. 两球碰撞前后动量守恒

　　B. 碰撞前乙球的速度大小是甲球的 2 倍

　　C. 碰撞前两球的速度大小应该相等

　　D. 碰撞过程中,两球相互作用的冲量大小相等、方向相反

第4章 牛顿运动定律 动量守恒定律

四、计算题

1. 一辆卡车在空载时质量为 3.5×10^3 kg,载货时的质量为 6.0×10^3 kg,用同样大小的牵引力,如果空载时能使卡车产生 1.5 m/s^2 的加速度,载货时产生的加速度大小是多少?(设阻力大小与车载情况无关)

2. 一辆质量为 2 t 的货车,在水平路面上以 54 km/h 的速度匀速行驶,司机因故突然刹车,已知刹车后货车所受的阻力为 1.2×10^4 N,求货车从刹车开始到停下来驶过的路程.

3. 某钢绳所能承受的最大拉力是 4.0×10^4 N,如果用这条钢绳使 3.5×10^3 kg 的货物匀加速上升,则在 2 s 内速度的变化不能超过多大?

4. 在汽车碰撞试验中,设某轿车的质量为 1 120 kg,以 80 km/h 的速度向一障碍物体撞去,设碰撞时间为 0.5 s,求汽车在碰撞过程中受到的平均作用力.

本章自测题 B

一、判断题

1. 静止或做匀速直线运动的物体受到的合力一定为零,但是物体由静止变为运动的过程中受到的合力则不为零. ( )
2. 物体的惯性是由质量和速度共同决定的. ( )
3. 跳高运动员从地面起跳时,地面对人的向上弹力大于人向下蹬地面的力. ( )
4. 放在卡车上的集装箱随同卡车做匀速直线运动时,集装箱只受重力和支持力,集装箱不受沿汽车前进方向的静摩擦力. ( )
5. 如图 4.9 所示为把物品向上输送的倾斜传送带,当传送带匀速运行并且物品跟传送带保持相对静止时,物品只受重力和支持力,它不受沿运动方向的静摩擦力. ( )

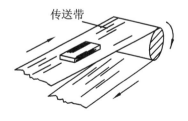

图 4.9

6. 物体做平抛运动时,因为它只受恒定的重力作用,所以平抛运动属于匀变速运动. ( )

7. 物体受到的合力越大,则速度越大. ( )

8. 不论物体做加速运动还是做减速运动,加速度的方向总是跟合力的方向相同. ( )

9. 冲量的大小等于动量. ( )

10. 甲、乙二人原来静止站在冰面上,当两人互相推了一下而做反冲运动时,若两人质量之比为 $m_甲:m_乙=1.5:1$,则他们的速度之比为 $v_甲:v_乙=1:1.5$. ( )

二、填空题

1. 初中物理介绍过马德堡半球实验,为了把紧贴在一起,其中抽成真空的两个空心半球分开,每个半球都需要用8匹马来拉.如果现在只有8匹马,怎样进行这个实验呢?答:_____.

2. 图 4.9 中的传送带受到物品对它的作用力有_____.

3. 把牛顿第二定律公式写为 $m=\dfrac{F_合}{a}$ 时,式中_____ 跟 _____成正比.

4. 一个质量为 2.0 kg 的物体在力 F 作用下做匀变速直线运动,从 4.0 m/s 的初速度经过 10 s,使平均速度达到 8.0 m/s,$F=$_____ N.

5. 质量为 m 的物体在力 F 作用下做匀变速直线运动,经过时间 t 使速度由 v_0 改变成 v_t,已知 m、t、v_0 和 v_t,可解得 $F=$_____.

6. 质量为 m 的物体在力 F 作用下做匀变速直线运动,经过一段距离 s 使速度由 v_0 改变成 v_t,已知 m、F、s 和 v_0,可解得 $v_t=$_____.

7. 起重机的钢绳拉着质量为 100 kg 的物体以 0.50 m/s² 的加速度上升时,钢绳中的拉力大小为_____ N.(g 取 10 m/s²)

8. 一次火灾中,住在四楼的居民惊慌失措地从窗口(离地 10 m)跳下逃生,恰好被消防队员的救生垫接住.若质量为 60 kg 的人落入垫中后,经 1.5 s 而停止运动,他受到的平均作用力大小为_____ N;如果不幸落在水泥地面上,经过 0.01 s 而停住,他受到的平均作用力大小为_____ N.(为简便,两次计算中皆不计重力.)

三、选择题

1. 如果力 F 在时间 t 内,使质量为 m 的物体做匀加速直线运动的位移为 s,则 $\dfrac{F}{2}$ 的力在相同的时间内,使质量为 $\dfrac{m}{2}$ 的物体做匀加速直线运动的位移为 [ ]

A. $\dfrac{s}{2}$ B. s C. $2s$ D. $4s$

2. 一个恒力 F 作用在质量为 m_1 的物体上,产生的加速度为 a_1;恒力 F 作用在质量为 m_2 的物体上,产生的加速度为 a_2.若该力作用在质量为 m_1+m_2 的物体上,产生的加速度为 [ ]

第4章 牛顿运动定律 动量守恒定律

A. a_1+a_2 B. $\frac{1}{2}(a_1+a_2)$ C. $\frac{a_1 a_2}{a_1+a_2}$ D. $\frac{a_1+a_2}{a_1 a_2}$

3. 光滑斜面上一个质量为 m 的木盒下滑的加速度为 a. 当再将一个质量为 m 的砝码放入木盒中时,其下滑的加速度为 [ ]

A. $2a$ B. a C. $\frac{a}{2}$ D. 0

4. 两个物体在光滑水平面上沿同一直线相向运动,发生碰撞后均变为静止,由此可知两物体发生碰撞之前 [ ]

A. 质量一定相等
B. 速度大小一定相等
C. 动量大小一定相等
D. 动量大小可能相等,也可能不相等

四、计算与思考题

1. 我国长征系列运载火箭中的 CZ-2E 捆绑式火箭质量为 4.64×10^5 kg,点火升高时的推力大小为 6.0×10^6 N. 若不计空气阻力并忽略火箭质量的变化,求火箭点火升空时的加速度和升高到 1.0 km 的高空所需的时间.

2. 民航客机的机舱一般装置有紧急舱门. 当飞机非正常着陆,不能使用正常舱门时,打开紧急舱门就会自动产生一个充气的斜面,机舱中的人可沿充气斜面滑行到地面上. 若斜面长 4.0 m、高 2.2 m,乘客按平均质量 60 kg 计算,滑行时所受的阻力按 240 N 计算,为了避免鱼贯而下的旅客在斜面底端互相碰撞挤压,必须在前一个人到达底端时,后一个人才开始下滑. 舱内有 200 人,共需多长时间才能全部安全到达地面?(g 取 10 m/s²)

*3. 停在湖面的两只小船相距 10 m,甲船和人的质量为 500 kg,乙船质量为 400 kg. 甲船上的人用平行于水面的 180 N 恒力拉乙船,在忽略水的阻力的情况下,两船需经过多长时间才相遇?

4. 跳高运动员从地上跳起,是由于地面给运动员的支持力大于运动员给地面的压力,还是由于运动员给地面的压力大于运动员的重力？如何理解运动员的起跳过程？

5. 请你举出几个利用惯性和防止惯性不利影响的实例.

自我总结归纳

本章重点：

本章难点：

易错题集：

加强方向：

心得体会：

第5章 功和能

5.1 功
5.2 功率

一、知识综述

（一）力 F 做的功

如图 5.1 所示，力 F 所做的功为
$$W = Fs\cos\alpha.$$
功的单位（国际单位制）为焦耳，简称焦，符号用 J 表示，$1\,\text{J}=1\,\text{N}\cdot\text{m}$. 功是标量.

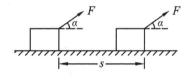

图 5.1

当 $0\leqslant\alpha<90°$ 时，F 帮助物体运动，F 做正功.

当 $\alpha=90°$ 时，F 对物体运动速度的大小没有影响，F 不做功（$W=0$），图 5.1 中地面的支持力就不做功.

当 $90°<\alpha\leqslant180°$ 时，F 是阻碍物体运动的阻力，F 做负功. 图 5.1 中地面对物体的滑动摩擦力就做负功. 阻力做多少负功，物体就要克服阻力做相等数量的正功.

（二）合力的功

合力 $F_合$ 做的功 $W_合$ 有两种计算方法：① $W_合 = F_合 s\cos\alpha$；② 合力的功等于分力做功的代数和.

（三）功率

功与完成这些功所用时间之比，叫作功率.
$$P = \frac{W}{t}.$$
在国际单位制中，功率的单位为瓦特，简称瓦，符号用 W 表示，$1\,\text{W}=1\,\text{J/s}$.

以汽车为例，发动机的功率还可以用牵引力 F 和汽车运动的速度 v 来表示，即
$$P = Fv.$$
当 F 和 v 随时间而改变时，将 F 和 v 的瞬时值代入上式，可求得瞬时功率；将 F 和 v

的平均值代入上式,可求得平均功率.

额定功率是发动机工作时允许的最大功率.

二、例题分析

例1 工人把 $m=40$ kg 的木箱沿着长 $l=4.0$ m、高 $h=1.0$ m 的斜面,由底端匀速推到顶端(图 5.2).

(1) 工人克服木箱的重力做了多少功?(g 取 10 m/s²)

(2) 工人把木箱由斜面底端匀速推到顶端,作用在木箱上合力做的功等于多少?

(3) 如果已知滑动摩擦力的大小为 50 N,工人需做多少功?

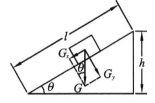

图 5.2

分析与解答

木箱共受到四个力的作用,支持力与运动方向垂直, $W_N=0$.

(1) 求重力的做功有两种求法:

一种方法是将重力 G 正交分解成 G_x 和 G_y,其中 G_y 跟位移垂直而不做功,所以 G 的功等于 G_x 的功:

$$W_G = -G_x l = -mg\sin\theta \cdot l = -400 \times \frac{1.0}{4.0} \times 4.0 \text{ J} = -400 \text{ J}.$$

另一种方法是,根据初中物理知识,重力做功的大小等于重力跟斜面高度的乘积:

$$W_G = -Gh = -400 \times 1.0 \text{ J} = -400 \text{ J}.$$

所以,工人克服重力做的功为

$$W_G' = 400 \text{ J}.$$

(2) 因为木箱匀速运动,作用在木箱的合力为零,所以合力的功为零.

(3) 摩擦力的功为

$$W_f = -fl = -50 \times 4.0 \text{ J} = -200 \text{ J}.$$

设工人推木箱做的功为 W_F.各力对木块做功的总和等于合力做的功.

$$W_F + W_G + W_f + W_N = 0,$$
$$W_F + (-400 \text{ J}) + (-200 \text{ J}) = 0,$$
$$W_F = 600 \text{ J}.$$

例2 质量 $m=5.0\times10^5$ kg 的列车沿水平轨道直线行驶,阻力是车重的 0.01 倍,机车始终以额定功率 $P=1\,400$ kW 工作.试求:

(1) 列车行驶过程中,当速度分别为 $v_1=10$ m/s 和 $v_2=20$ m/s 时的加速度 a_1 和 a_2.(g 取 10 m/s²)

(2) 列车最终能达到的速度.

分析与解答

(1) 列车在运动方向上受到牵引力和阻力,其中阻力大小为

第5章 功和能

$$f = 0.01mg = 0.01 \times 5.0 \times 10^5 \times 10 \text{ N} = 5.0 \times 10^4 \text{ N}.$$

而牵引力 F 的大小跟列车速度成反比(因为功率始终保持不变),两种速度时牵引力分别为

$$F_1 = \frac{P}{v_1} = \frac{1\,400 \times 10^3}{10} \text{ N} = 1.4 \times 10^5 \text{ N},$$

$$F_2 = \frac{P}{v_2} = \frac{1\,400 \times 10^3}{20} \text{ N} = 7 \times 10^4 \text{ N}.$$

加速度是牵引力跟阻力的合力产生的,它们分别为

$$a_1 = \frac{F_1 - f}{m} = \frac{1.4 \times 10^5 - 5 \times 10^4}{5 \times 10^5} \text{ m/s}^2 = 0.18 \text{ m/s}^2,$$

$$a_2 = \frac{F_2 - f}{m} = \frac{7 \times 10^4 - 5 \times 10^4}{5 \times 10^5} \text{ m/s}^2 = 0.04 \text{ m/s}^2.$$

(2) 从上面的计算可以看出,在额定功率下车速越快,牵引力越小,相应的加速度也越小.但是只要有加速度,车速仍然要增加,直至牵引力减小到被阻力所平衡(即牵引力的大小等于阻力的大小),使加速度为零时为止,车速就不再增加,此时达到最大速度 v_m:

$$v_m = \frac{P}{f} = \frac{1\,400 \times 10^3}{5 \times 10^4} \text{ m/s} = 28 \text{ m/s}.$$

三、同步练习

(一) 判断题

1. 一个力越大,它做的功就越多. ( )
2. 滑动摩擦力可能做负功,也可能做正功. ( )
3. 足球运动员用 50 N 的力把球踢出 30 m 远,他所做的功等于 1 500 J. ( )
4. 摩擦力对物体所做的功跟路径有关. ( )
5. 发动机的功率越大,它做的功就越多. ( )
6. 汽车以额定功率沿着盘山公路向上行驶时,在坡度越陡的地方需要的牵引力越大,因而行车速度越小. ( )
7. -10 J 的功大于 $+5$ J 的功. ( )
8. 功是矢量,正、负表示方向. ( )

(二) 填空题

1. 做功的两个不可缺少的因素是_____和_____.功的国际单位是_____.
2. 用竖直向上的力将重力为 50 N 的物体向上匀速举高 0.4 m,然后在水平方向上匀速移动 2 m,那么该力对物体所做的功是_____ J.
3. 放在粗糙水平地面上的物体,在 10 N 的水平拉力作用下以 6 m/s 的速度匀速移动了 5 s,则拉力做功为_____ J;摩擦阻力对物体做功为_____ J.
4. 一个力对物体做了 -50 J 的功,也可说成是_____.
5. 功率是描述做功_____的物理量,它的国际单位是_____.

(三) 选择题

1. 下列说法正确的是 [　　]
   A. 力越大,位移越大,做功就越多
   B. 功的大小是由力的大小和位移的大小来决定的
   C. 若力的方向与物体的运动方向相同,功就等于力的大小和位移大小的乘积
   D. 力与位移的夹角越大,这个力所做的功越大

2. 下列关于 1 J 的说法正确的是 [　　]
   A. 1 J 就是 1 N 的力使物体在力的方向上发生 1 m 的位移时所做的功
   B. 1 J 就是把质量为 1 kg 的物体移动 1 m 所需要做的功
   C. 1 J 就是把重力为 1 N 的物体移动 1 m 所需要做的功
   D. 1 J 就是把重力为 9.8 N 的物体移动 1 m 所需要做的功

3. 足球运动员用力 F 把重为 G 的足球从地面踢起,足球经过抛物线路径后又落到地面,它上升的最大高度为 h,水平运动的路程为 l. 下列说法错误的是 [　　]
   A. 足球被从地面踢起,到又落到地面的过程中,重力做的功等于零
   B. 只有当球没有离开运动员的脚时,力 F 才对球做功
   C. 力 F 做的功等于 Fl
   D. 足球从地面上升到 h 高度时,重力做的功等于 $-Gh$

4. 重为 G 的木箱被放在水平地面上(图 5.3),工人第 1 次用拉力 F_1,第 2 次用推力 F_2 移动木箱,且力的大小 $F_1=F_2$. 如果两次力跟水平方向的夹角 $\theta_1=\theta_2$,两次位移 $s_1=s_2$. 工人两次分别做的功 W_1 和 W_2 以及两次克服摩擦力做的功 W_1' 和 W_2' 的关系为 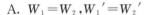 [　　]
   A. $W_1=W_2, W_1'=W_2'$
   B. $W_1=W_2, W_1'<W_2'$
   C. $W_1=W_2, W_1'>W_2'$
   D. $W_1>W_2, W_1'>W_2'$

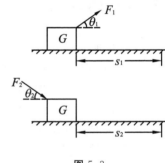

图 5.3

5. 关于功率的公式,下列说法正确的是 [　　]
   A. 由 $P=\dfrac{W}{t}$ 知,发动机做功越多,其功率越大
   B. 由 $P=Fv$ 知,汽车牵引力越大,其发动机功率越大
   C. 由 $P=Fv$ 知,汽车速度越大,其发动机功率越大
   D. 由 $P=Fv$ 知,发动机在额定功率下工作时,汽车的速度越大,牵引力越小

(四) 计算题

1. 质量为 60 kg 的人,用 10 min 的时间登上大厦第 21 层,如果每层高 3 m,求这个人上楼所做的功和平均功率.(g 取 10 m/s^2)

2. 质量 $M=3.0$ kg 的物体,在水平力 $F=6.0$ N 的作用下,在光滑水平面上由静止开始运动. 试求:

(1) 在 $t=3.0$ s 内 F 对物体所做的功;

(2) 在 $t=3.0$ s 内 F 的平均功率;

(3) 在第 3 s 末 F 的瞬时功率.

5.3 能 动能 动能定理

一、知识综述

(一) 能

物体具有的做功本领叫作能. 能是标量.

当物体克服阻力做功时,就要消耗自己具有的能,功是能变化的量度.

(二) 动能

物体的动能等于它的质量跟它的速度平方乘积的一半,即

$$E_k = \frac{1}{2}mv^2.$$

动能是标量. 在国际单位制中,动能的单位为焦耳,用符号 J 表示,

$$1 \text{ kg} \cdot \text{m}^2/\text{s}^2 = 1 \text{ N} \cdot \text{m} = 1 \text{ J}.$$

(三) 动能定理

合力对物体所做的功,等于物体的动能改变量,这就是动能定理. 其数学表达式为

$$F_{合}s = \frac{1}{2}mv_t^2 - \frac{1}{2}mv_0^2.$$

当合力对物体做正功时,合力的功等于物体所增加的动能.

当合力对物体做负功时,物体的动能减少,减少的动能等于物体克服阻力所做的功.

二、例题分析

例 1 电视显像管中的电子,在很高的电压作用下从静止被加速,最后轰击荧光屏时的速度高达 $v=1.0\times10^7$ m/s. 设每秒有 $n=1.0\times10^{17}$ 个电子轰击荧光屏,已知电子的质量 $m=9.1\times10^{-31}$ kg,试求高压电源的功率.

分析与解答

电源对每个电子所做的功,根据动能定理,得

$$W = \frac{1}{2}mv^2 = \frac{1}{2}\times 9.1\times 10^{-31}\times(1.0\times 10^7)^2 \text{ J} = 4.55\times 10^{-17} \text{ J}.$$

电源的功率为

$$P = \frac{nW}{t} = \frac{1.0 \times 10^{17} \times 4.55 \times 10^{-17}}{1.0} \text{ W} = 4.55 \text{ W}.$$

讨论：应用动能定理时，不管具体的过程如何复杂，只要知道动能改变量就可以求出功. 在本例中，并不需要知道电子受什么样的作用力以及经历了怎样的运动过程.

例2 一架飞机的质量 $m = 5.0 \times 10^3$ kg，受到的推力 $F = 1.8 \times 10^4$ N，在跑道上滑行时受到的阻力 f 为它重力的 0.02 倍，起飞时的速度 $v = 60$ m/s. 求飞机起飞时滑行的距离 s.

分析与解答

飞机在水平方向受到的外力是推力 F 和阻力 f，其中

$$f = 0.02mg = 0.02 \times 5.0 \times 10^3 \times 9.8 \text{ N} = 9.8 \times 10^2 \text{ N}.$$

竖直方向上重力跟支持力互相平衡. 飞机滑行时，由于 F 与 f 的合力做功，使飞机的动能由零增大为 $\frac{1}{2}mv^2$. 根据动能定理，有

$$(F - f)s = \frac{1}{2}mv^2.$$

解得

$$s = \frac{mv^2}{2(F-f)} = \frac{5.0 \times 10^3 \times 60^2}{2 \times (1.8 \times 10^4 - 9.8 \times 10^2)} \text{ m} \approx 5.3 \times 10^2 \text{ m}.$$

从本例可以看出，应用动能定理解答力学问题时，先要分析物体的受力情况，并据此列出合力的功（或分力做功的代数和），然后即可利用动能定理来求解. 由于动能定理不涉及物体运动过程中的加速度和时间，因此用它来解题往往比较方便.

这道题也可以应用牛顿第二定律和运动学公式来解，请同学们自己做一下.

****例3** 一质量为 10 kg 的物体，受到 100 N 的水平拉力的作用，从 A 点由静止开始运动，如图 5.4 所示，物体与水平面之间的动摩擦因数为 0.4，已知 $\overline{AB} = 10$ m，$\overline{BC} = 7$ m，当物体运动到 B 点时，外力撤去，求物体到达 C 点时的速度.

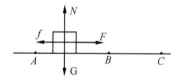

图 5.4

分析与解答

运用动能定理求解，可以分为 AB、BC 两段来列方程，也可直接研究 A 到 C 的整个过程. 不管用哪种方法，关键是分析清楚合力的功. 因重力、支持力垂直于运动方向，所以不做功，因此在 AB 段，只有外力 F 和摩擦力 f 做功，它们的和就是合力的功. 在 BC 段只有摩擦力 f 做功.

解法一：

对于 AB、BC 两段分别运用动能定理.

AB 段：

$$Fs_{AB} - fs_{AB} = \frac{1}{2}mv_B^2.$$

BC 段：

$$-fs_{BC} = \frac{1}{2}mv_C^2 - \frac{1}{2}mv_B^2.$$

将两式相加，得

$$Fs_{AB} - f(s_{AB} + s_{BC}) = \frac{1}{2}mv_C^2,$$

$$v_C=\sqrt{\frac{2[Fs_{AB}-f(s_{AB}+s_{BC})]}{m}}=\sqrt{\frac{2\times[100\times10-0.4\times10\times10\times(10+7)]}{10}}\text{ m/s}$$
$$=8\text{ m/s}.$$

解法二：

以 A 到 C 的整个过程为研究对象，在此过程中，外力做正功 Fs_{AB}；摩擦力 f 做负功 $-fs_{AC}$．根据动能定理，有

$$Fs_{AB}-fs_{AC}=\frac{1}{2}mv_C^2.$$

上式就是解法一中最后所得的方程，可解得 $v_C=8$ m/s．显然解法二更简单．

三、同步练习

(一) 判断题

1. 能就是功． ( )
2. 物体克服阻力做功时，物体的能减少． ( )
3. 动能是标量． ( )
4. 铅球的动能一定大于乒乓球的动能． ( )
5. 如果物块沿斜面匀速下滑，作用在物块上所有力做功的代数和一定为零． ( )
6. 一质量不变的物体，当它的速度不变时，则其动能一定不变． ( )
7. 物体所受合外力不为零时，它的动能一定会变化． ( )
8. 在光滑的水平面上做匀速运动的物体，外力做功的代数和一定为零． ( )

(二) 填空题

1. 一颗步枪子弹的质量是铅球质量的 $\frac{1}{40}$，而子弹速度是铅球速度的 50 倍，子弹跟铅球的动能之比为_____．

2. 质量为 2 kg 的物体自 5 m 高处自由落下，g 取 10 m/s²，物体在接触地面的一瞬间的速度大小为_____ m/s，动能为_____ J．

3. 科学家正在研究，一旦小行星有撞击地球的危险时如何设法在空中摧毁它，因为小行星具有很大的动能．例如，一颗直径稍大于 1.0 km 的小行星，按下面数据估算：体积约为 1.0 km³、密度约为 3.0×10^3 kg/m³、速度约为 15 km/s，它若撞击地球，将释放的动能 $E_k=$_____ J．葛洲坝水电站的装机容量为 2.715×10^6 kW，全年满负荷生产的电能约为 $E=8.5\times10^{16}$ J，二者之比 $\frac{E_k}{E}=$_____．

4. 质量为 1.5×10^3 kg 的小汽车在水平路面上滑行 18 m 后，速度从 10 m/s 减小到 8 m/s，则摩擦力做的功为_____ J，小汽车所受的摩擦阻力大小为_____ N．

5. 质量相同、速度比为 2∶1 的两个物体动能之比为_____，速度相同、质量比为 2∶1 的两个物体动能之比为_____．

6. 质量为 m 的物体，从 h 高处自由下落到达地面的动能 $E_k=$_____．

7. 光滑水平面上一个质量为 m 的物体，从静止开始在水平力 F 的作用下移动 s 距离

时,获得的动能 $E_k=$ _____.

8. A 物体的质量为 m_A、速度为 v_A,B 物体的质量 $m_B=\frac{m_A}{2}$、速度 $v_B=2v_A$,二者动能之比为 $\frac{E_A}{E_B}=$ _____.

(三) 计算题

1. 军用步枪在约 $1.2×10^{-3}$ s 的时间内,就可以使原来静止的子弹以 900 m/s 的速度射出枪口.设子弹的质量为 15 g,枪筒长 80 cm,不计阻力.试求:
(1) 火药爆炸后对子弹的推力;
(2) 火药爆炸后的推力对子弹所做的功和平均功率.

2. 一颗子弹以 700 m/s 的速度击穿第 1 块木板后,速度减小为 500 m/s.如果它又继续击穿第 2 块同样的木板,速度减小为多少?它是否还能击穿第 3 块同样的木板?

3. 一个 30 N 的水平力,作用在质量为 2 kg 的物体上,使其在无摩擦力的水平面上由静止开始移动了 2 m,然后这个力变为 21 N,又使物体移动了 1 m,此时物体的动能是多大?速度是多大?

5.4 势能

5.5 机械能守恒定律

一、知识综述

(一) 重力势能

物体的重力势能等于物体的重力跟它的高度的乘积,即
$$E_p=mgh.$$

第5章 功和能

重力势能是标量,在国际单位制中,它的单位是 J.

高度是个相对的量,是相对于某个基准水平面而言的. 因此重力势能也是个相对量,只有指明以某个水平面为零势能面,重力势能才有确定的值. 在解答问题时,通常都是选取地面或者选取物体所能达到的最低处的水平面作为零势能面.

重力做正功时,物体的重力势能减小;重力做负功时,物体的重力势能增大.

(二) 重力做功的特点

教材中已经用计算表明,重力对物体所做的功,只跟物体的初位置高度和末位置高度有关,而跟物体的运动路径无关.

(三) 弹性势能

物体由于发生弹性形变而具有的能叫作弹性势能. 弹力做正功时,弹性势能减小;弹力做负功时,弹性势能增大.

(四) 机械能守恒定律

动能和势能(包括重力势能和弹性势能)统称为机械能. 物体在重力做功或弹力做功的情况下,它的动能、重力势能和弹性势能是可以互相转化的.

在只有重力做功或弹力做功的情况下,物体的动能跟势能相互转化时,机械能的总量保持不变,这就是机械能守恒定律.

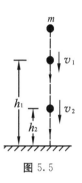

图 5.5

例如,质量为 m 的物体在自由下落过程中(图 5.5),有

$$mgh_1 + \frac{1}{2}mv_1^2 = mgh_2 + \frac{1}{2}mv_2^2.$$

二、例题分析

例 1 伽利略做过摆球的实验(图 5.6),他让细绳下的小球从右端 A 处由静止开始运动,发现当经过最低点 B 处时,不论是否用小棍在"1"或"2"处挡住绳,小球在左端所达到的高度总是跟 A 处的高度相同. 试解释这种现象.

分析与解答

首先分析小球的受力情况,不论是否用小棍挡住绳,小球都只受重力和绳的拉力,其中拉力总是跟小球运动

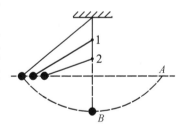

图 5.6

的路径垂直,拉力不做功,只有重力做功,所以机械能守恒. 小球从 A 处到达 B 处时,是把 A 处的重力势能全部转化成了 B 处的动能. 小球从 B 处向左端运动到最高处时,是把 B 处的动能全部转化成了重力势能,因为左右两端重力势能相等,所以高度也相等.

例 2 一个物块在高度为 h 的光滑斜面顶端由静止开始下滑,试求它滑到斜面底端时的速度大小.

分析与解答

物块下滑过程中受到重力和斜面的支持力,其中支持力不做功,只有重力做功,所以

机械能守恒. 物块在顶端处时的机械能 $E_1 = mgh$（没有动能），在底端处时的机械能 $E_2 = \frac{1}{2}mv^2$（没有势能），有 $E_1 = E_2$，即

$$mgh = \frac{1}{2}mv^2.$$

得到
$$v = \sqrt{2gh}.$$

讨论：本题也可利用牛顿第二定律和匀变速直线运动公式求解，但步骤很多. 先要假设斜面的长度为 l、倾角为 θ，将重力进行正交分解后求得加速度 $a = g\sin\theta$. 然后利用公式 $v^2 = 2al$，得到 $v = \sqrt{2al} = \sqrt{2g\sin\theta \dfrac{h}{\sin\theta}} = \sqrt{2gh}$. 可见，用机械能守恒定律解答问题是很简捷的.

*例3 如图 5.7 所示，$\overset{\frown}{AB}$ 为 $\dfrac{1}{4}$ 圆弧光滑轨道，圆弧半径 $R = 0.80$ m，在 B 点处连接水平轨道. 质量 $m = 10$ kg 的物块从 A 点由静止开始下滑，经过 B 点后又在水平轨道上滑行了 $l = 4.0$ m 而停止. 试求：

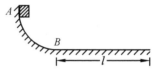

图 5.7

（1）物块在 B 点时的速度大小；（g 取 10 m/s^2）

（2）物块在水平轨道上克服摩擦力所做的功；

（3）水平轨道的动摩擦因数.

分析与解答

（1）由于 AB 轨道不是直线，本题已无法利用匀变速直线运动公式和牛顿第二定律来求解. 而应用动能定理时，不管运动过程如何复杂，只要知道合力的功就能求出动能改变量，进而就能求出速度的改变量.

物块沿光滑圆弧下滑的过程中，它受到重力和支持力，由于支持力跟圆弧轨道垂直而不做功，所以重力做的功就是合力做的功. 又由于物体在 A 点处动能为零，所以物体从 A 点运动到 B 点的动能改变量就等于物体在 B 点处的动能（或者说，只有重力做功，机械能才守恒），有

$$mgR = \frac{1}{2}mv_B^2.$$

得到
$$v_B = \sqrt{2gR} = \sqrt{2 \times 10 \times 0.80} \text{ m/s} = 4 \text{ m/s}.$$

（2）在水平轨道上，摩擦力 f 做负功，根据动能定理，有

$$-fl = 0 - \frac{1}{2}mv_B^2.$$

物块消耗动能，克服摩擦力做正功，有

$$W = fl = \frac{1}{2}mv_B^2 = \frac{1}{2} \times 10 \times 4^2 \text{ J} = 80 \text{ J}.$$

（3）在水平轨道上，压力的大小等于重力，根据滑动摩擦力公式 $f = \mu mg$，得到动摩擦因数为

第5章 功和能

$$\mu = \frac{f}{mg} = \frac{\frac{80}{4.0}}{10 \times 10} = 0.2.$$

三、同步练习

(一) 判断题

1. 重力势能只有相对值. ( )
2. 重力对物体所做的功只决定于物体高度的变化,跟物体运动的路径无关. ( )
3. 机械能守恒定律的适用条件是物体所受外力的合力为零. ( )
4. 做平抛运动的物体在运动过程中机械能守恒. ( )
5. 一物体分别沿高度相同的光滑斜面和光滑圆弧面,由静止开始从顶端滑下,物体两次滑到底端时的速度大小相等. ( )

(二) 填空题

1. 自由下落的物体是_____对物体做功,下落过程中是物体的_____能转化为_____能.

2. 质量为 2 kg 的物体由 20 m 的高处自由落下,下落时物体的重力势能为_____J,下落过程中,重力对物体做了_____J 的功.(g 取 10 m/s²)

3. 我们把_____、_____、_____这三种形式的能统称为机械能.

4. 质量为 2 kg 的物体做自由落体运动,下落 1 s 后,物体的动能为_____J,重力势能减少_____J,在此过程中是_____能转化为_____能,物体的总机械能_____.(g 取 10 m/s²)

5. 对于不能看作质点的物体,应按重心的位置来计算重力势能.地面有一根质量为 500 kg、长为 3.0 m、截面为正方形的均匀混凝土桩柱,为了把它竖起来,须克服重力做_____J 的功.(g 取 10 m/s²)

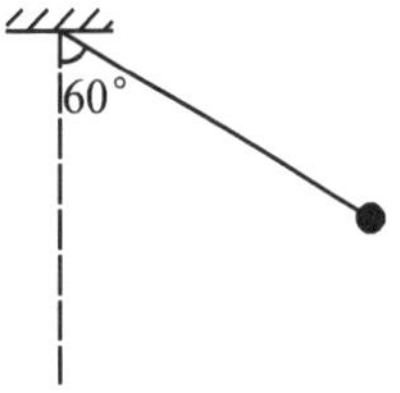

6. 以地面为零势能面,一个物体从离地 40 m 高处自由落下,经过_____s 的时间,动能恰好跟势能相等.(g 取 10 m/s²)

图 5.8

7. 在图 5.8 中,如悬线长为 1.0 m,把悬线拉成跟竖直方向成 60°时释放,小球下落经过最低点时速度为_____m/s.

8. 在下面列举的各个实例中,除(1)外都不计空气阻力,哪些机械能是守恒的？试说明理由.

(1) 跳伞员带着张开的降落伞在空气中匀速下落：_____.

(2) 抛出的手榴弹或标枪做斜抛运动：_____.

(3) 用细绳拴着一个小球,绳的一端固定,使小球在光滑的水平面上做匀速圆周运动：_____.

(4) 用细绳拴着一个小球,绳的一端固定,将绳拉直处于水平位置后使小球在竖直平面上沿着圆弧下落：_____.

（5）物体沿着光滑的曲面滑下（图5.9甲）：_____.

（6）拉着一个物体沿着光滑的斜面匀速上升（图5.9乙）：_____.

（7）在光滑水平面上运动的小球，碰到弹簧上，把弹簧压缩后又被弹簧弹回来（图5.9丙）：_____.

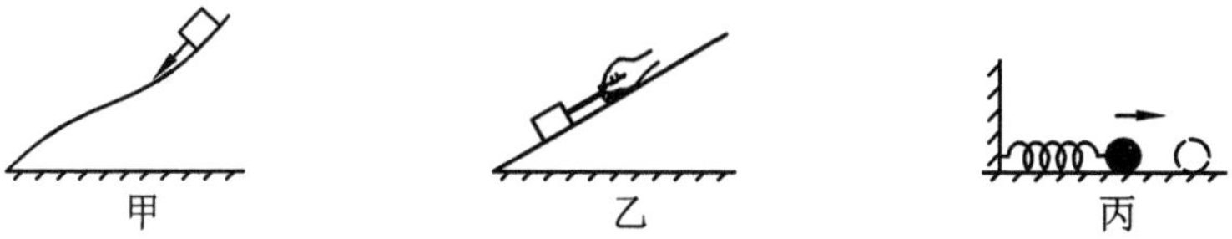

图5.9

（三）选择题

1. 关于重力势能，下列说法错误的是　　　　　　　　　　　　　　　　[　　]

    A. 地球上的物体具有与它的高度有关的能叫作重力势能

    B. 重力对物体做功，物体的重力势能减少

    C. 物体克服重力做功时，物体的重力势能增加

    D. 物体克服重力做功时，物体的重力势能减少

2. 在下述物体运动过程中，机械能守恒的是　　　　　　　　　　　　　[　　]

    A. 气球匀速上升　　　　　　　　B. 物体沿光滑圆弧面下滑

    C. 被起重机匀速吊起的重物　　　D. 物体沿斜面匀速下滑

3. 如图5.10所示，用两条线分别系住质量相等的甲、乙两个小球，系甲球的线比系乙球的线长。使两条线处于相同的水平位置时，将两球从静止开始释放，当两球各自经过最低点处，下列说法错误的是　　　[　　]

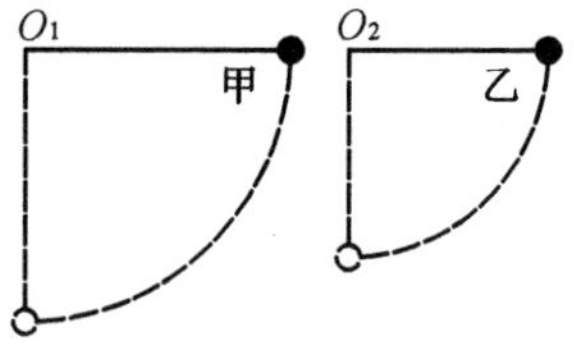

    A. 两球的机械能相等

    B. 甲的动能大于乙的动能

    C. 甲的机械能大于乙的机械能

    D. 重力对甲做的功大于重力对乙做的功

图5.10

4. 地面上有A、B两个物体，质量为$m_A=4m_B$，将二者分别以$v_A=2v_B$的速度竖直向上抛出时，二者的机械能分别为E_A和E_B，上升的最大高度分别为h_A和h_B，下列说法正确的是　　　　　　　　　　　　　　　　　　　　　　　　　　　　　[　　]

    A. $E_A<E_B$　　　B. $h_A<h_B$　　　C. $h_A=h_B$　　　D. $h_A>h_B$

（四）计算题

1. 有一种地下铁道，站台区间内的轨道比区间外的轨道建得高一些（图5.11），列车进站时利用上坡减速，出站时利用下坡加速，使这段坡道起到了节能（减小因刹车减速而损耗的机械能）和调速的作用。设图中$h=2.0\ m$，列车

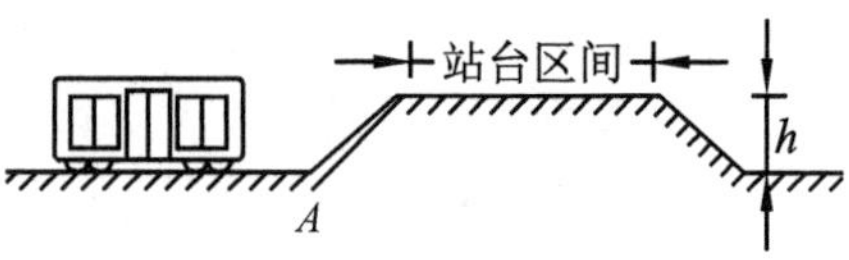

图5.11

到达坡道下端 A 处时的速度为 25.2 km/h,此后随即切断列车电动机的电源,使列车在无动力的状态下冲上坡.试计算:

(1) 列车能否冲到坡上?

(2) 如果能冲到坡上,列车在坡上的速度是多少?

2. 山崖上的海岸炮向敌舰发射穿甲弹,炮弹出膛速度为 900 km/h.设炮口和敌舰甲板距海平面的高度分别为 53 m 和 3.0 m,求炮弹击中甲板时的速度.(不计空气阻力,g 取 10 m/s²)

 本章知识结构

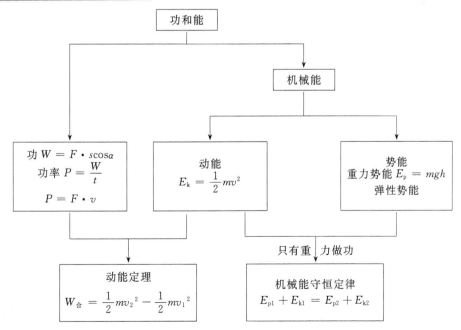

零点能——人类未来的新能源

能源是人类永恒的话题.能源是推动人类社会发展的命脉,"能源短缺"必将影响人类社会的发展.近年来,科学界发出一个令人振奋的消息——真空中存在"零点能".

"真空",通常我们的理解就是没有任何东西.量子物理学家知道,真空中事实上存在着忽隐忽现的粒子,它们的状态变化是十分迅速的,以至无法被看到.即使在绝对零度下,真空也在向四面八方散发出能量,这种能量被称为零点能.有一些大胆人士甚至声称"零点能"将是未来的燃料.

首先要问的问题是,为什么会存在"零点能"?最简单的解释来自海森伯的"测不准原理".该理论宣称,不可能同时知道同一粒子的位置和动量.在绝对零度下,倘若粒子绝对静止,那么将和这条原则相悖,因为在这种情况下,粒子的位置和动量都是已知的.因此,即使粒子在没有任何热运动的时候,它们也将继续抖动,能量的情形也是如此.这就意味着即使在真空中也有能量存在.由于能量和质量是等效的,真空能量必定能够导致一会儿存在、一会儿消失的粒子.这种转瞬即逝的事件被称为"起伏".科学家们对这些真空中包含的无数"起伏"能量进行了估计,这些能量的总和几乎是无穷的.

在美国得克萨斯州奥汀附近的一个高级研究所,由物理学家哈罗德·皮托弗领导的小组正在验证有关"零点能"可以利用的说法.虽然还没有突破性的进展,但一些零星的事实已让我们对以后的可能性突破深信不疑.

尽管对"零点能"的宣布就像宣布一种空想的能源,但是人类很多"不明智"的"空想"都已经成为现实,也正是这些"不明智"的"空想"推动着人类社会的飞速发展.也许不久的将来,人们从太空中探测到"零点能",真空将变成人类最大的"油田".

本章自测题 A

一、填空题

1. 放在平面上质量为 2 kg 的物体受到与水平方向成 37°角的斜向上的拉力 F 的作用,若 $F=10$ N,则物体运动 5 m 时,拉力 F 做的功是_____.($\sin 37°=0.6$,$\cos 37°=0.8$)

2. 某汽车发动机的额定功率为 80 kW,若它以最大速度行驶时所受的阻力是 4.0×10^3 N,那么汽车允许的最大速度是_____ m/s.

3. 以初速度 v_0 沿光滑斜面上升的物体,它能上升的最大高度是_____.

4. 质量为 0.2 kg 的木块,在水平拉力的作用下,沿水平桌面匀速前进 50 cm,若木块与桌面间的动摩擦因数为 0.2,则拉力做功为_____J,重力做功为_____J,摩擦力做功为_____J,木块所受合外力做功为_____J.(g 取 10 m/s²)

第 5 章 功和能

5. 质量 m 为 2 kg 的物体以 2 m/s² 的加速度由静止开始运动，3 s 末物体的动量的大小是 _____ kg·m/s，动能是 _____ J，合外力对物体所做的功为 _____ J.

6. 质量为 m 的物体沿倾角为 θ、长为 L 的斜面顶端以速度 v 匀速滑到底部，则重力做功为 _____，合力做功为 _____，斜面对物体的摩擦力做功为 _____.

二、选择题

1. 下列物理量中是矢量的有 [ ]
   A. 功   B. 动能   C. 势能   D. 动量

2. 物体在相同的力 F 的作用下，沿着不同水平面运动，位移都为 d. 在粗糙水平面上，F 做功 W_1，在光滑水平面上，F 做功 W_2，那么 [ ]
   A. $W_1 > W_2$ B. $W_1 = W_2$ C. $W_1 \approx W_2$ D. $W_1 < W_2$

3. 两个运动物体的动能相等，下列说法正确的是 [ ]
   A. 两个物体的速度一定相等
   B. 两个物体的动量一定相等
   C. 两个物体的质量一定相等
   D. 两个物体的速度的大小与其质量的平方根成反比

4. 关于功、能和功率的关系，下列说法正确的是 [ ]
   A. 功率指做功的快慢
   B. 功率指做功的效率
   C. 能的单位是焦耳，功的单位是瓦特
   D. 功是能量的量度

5. 某人将一重物由静止开始举高 h，并获得速度 v，下列说法错误的是 [ ]
   A. 物体所受合外力对它做的功等于物体动能的增量
   B. 某人对物体所做的功等于物体的动能和势能的增量
   C. 物体所受合外力所做的功等于物体的动能和势能的增量
   D. 物体克服重力做的功等于物体势能的增量

6. 汽车沿上坡路匀速向上行驶，下列说法正确的是 [ ]
   A. 汽车受的牵引力不做功
   B. 汽车受的阻力不做功
   C. 汽车受的重力不做功
   D. 汽车受的支持力不做功

7. 某同学用绳子拉动木箱，使它从静止开始沿粗糙水平路面运动至具有某速度．木箱获得的动能一定 [ ]
   A. 小于拉力所做的功
   B. 等于拉力所做的功
   C. 等于克服摩擦力所做的功
   D. 大于克服摩擦力所做的功

三、计算题（g 取 10 m/s²）

1. 质量为 2 kg 的物体从距地面 45 m 高处自由落下，在 2 s 的时间内重力所做的功是多少？在这段时间内重力做功的平均功率是多少？在 2 s 末重力做功的即时功率是多少？

2. 子弹的质量 m 为 0.01 kg，枪管长 l 为 0.9 m，发射时子弹射出枪口的速度 v 为 600 m/s，弹壳内火药爆炸后对子弹的推力为多大？如果枪管长 l' 为 0.8 m，子弹离开枪

口时的速度 v' 将为多大?

3. 在一段平直公路上,一辆质量为 $1.0×10^4$ kg 的卡车,速度从 5 m/s 均匀地增加到 15 m/s,经过的位移为 500 m,如果卡车在运动中受到的阻力为车重的 0.05 倍,求:
(1) 牵引力所做的功;
(2) 发动机的平均功率.

4. 一个质量为 10 kg 的物体,沿着倾角为 30°的斜面以 15 m/s 的速度从底端向上冲 20 m 时,速度减为零,求摩擦力的功和摩擦力的大小.

本章自测题 B

一、判断题
1. 静摩擦力一定不做功.　　　　　　　　　　　　　　　　　　　(　　)
2. 滑动摩擦力一定做负功.　　　　　　　　　　　　　　　　　　(　　)
3. 以额定功率行驶的汽车,当牵引力跟阻力的大小相等时,车速最快.(　　)
4. 由于列车不断地提速,有些路段的车速已经由原来的 80 km/h 提高到 160 km/h,跟原来相比较,列车的动能已增大为原来的 4 倍.　　　　　　(　　)
5. 质量相等的 A、B 两个物体位于相同的高度,使 A 做竖直上抛运动,B 做自由落体运动,二者落地时的动能相等.　　　　　　　　　　　(　　)
6. 质量相等的 A、B 两个物体位于相同的高度,在二者初速度大小相等的条件下,A 做竖直上抛运动,B 做平抛运动,二者落地时的动能相等.(　　)
7. 动能定理跟机械能守恒定律这两个物理规律相比较,前者比后者的适用范围广.
　　　　　　　　　　　　　　　　　　　　　　　　　　　　　(　　)

二、填空题
1. 用 $F=100$ N 的力拉着物体运动时,F 跟位移的方向夹角为 60°,在物体运动了 50 m 的位移时,F 做的功等于_____ J.

第5章 功和能

2. 质量为 $3.0×10^3$ kg 的汽车在水平路面上行驶时,牵引力 F 为 $3.0×10^3$ N,阻力 f 是车重力的 0.05 倍,当汽车行驶 50 m 时,牵引力做的功 $W_F=$ _____ J,阻力做的功 $W_f=$ _____ J,动能的改变量为 _____ J.

3. 力 F 跟位移的夹角在 _____ 范围内,F 做正功;夹角在 _____ 范围内,F 做负功.

4. 把一辆汽车的速度由 10 km/h 加快到 20 km/h,动能改变量是 ΔE_1;把速度由 20 km/h 加快到 30 km/h,动能改变量是 ΔE_2.二者大小相比较,有 ΔE_1 _____ ΔE_2.(填">"、"<"或"=")

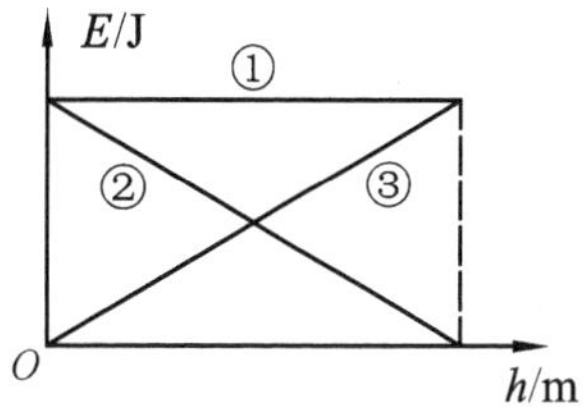

5. 足球运动员用 100 N 的力,把质量为 0.5 kg 静止的足球以 20 m/s 的速度踢出,足球在地面上滚动的距离为 15 m,运动员对足球做的功为 _____ J.

6. 一个物体从某一高处自由下落,它的动能、势能和机械能随下落距离 h 的变化情况如图 5.12 所示.图中①表示 _____ 能,②表示 _____ 能,③表示 _____ 能.

图 5.12

三、选择题

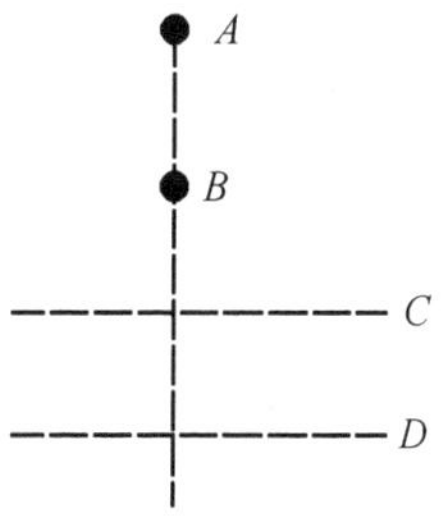

1. 如图 5.13 所示,物体从 A 处开始自由下落到达 B 处时,如果分别选取不同水平面高度的零势能面 C 或 D,则下列有关物体在 B 处的重力势能 E 的大小和从 A 到 B 重力势能的改变量 ΔE 的说法正确的是 [　　]
   A. E 有不同的值,ΔE 有相同的值
   B. E 有相同的值,ΔE 有相同的值
   C. E 有不同的值,ΔE 有不同的值
   D. E 有相同的值,ΔE 有不同的值

图 5.13

2. 物体沿斜面匀速向下运动时,下列说法错误的是 [　　]
   A. 物体所受的合力为零
   B. 物体的动能不变
   C. 物体的机械能守恒
   D. 物体克服阻力的功等于减小的机械能

3. 如图 5.14 所示,在高度为 H 的桌面上,一个质量为 m 的小球以速度 v 从桌边滚下来,当它经过离地面高为 h 的 A 处时,下列说法正确的是 [　　]
   A. 在 A 处的机械能为 $\frac{1}{2}mv^2+mgh$
   B. 在 A 处的机械能为 $\frac{1}{2}mv^2+mgH$
   C. 在 A 处的动能大小等于 $\frac{1}{2}mv^2$
   D. 在 A 处的动能大小等于 mgH

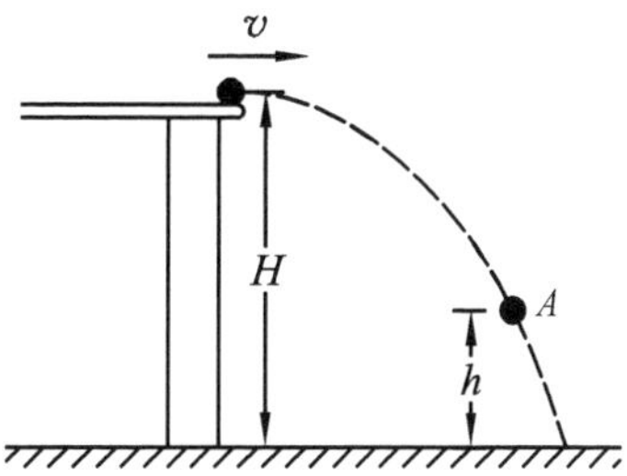

图 5.14

4. 假设某桅杆起重机将质量为 1000 kg 的货物,由静止开始以 1 m/s² 的加速度匀加速向上提升,若 g 取 10 m/s²,则在 1 s 内起重机对货物所做的功为 [　　]
   A. 500 J   B. 4 500 J   C. 5 000 J   D. 5 500 J

四、计算与思考题

1. 一辆卡车的质量为 $4.0×10^3$ kg,额定功率为 80 kW,从静止开始沿平直的道路行驶,所受的阻力始终为 $4.0×10^3$ N.

（1）若启动的前 5.0 s 内,牵引力固定为 $8.0×10^3$ N,汽车前 5.0 s 内的平均功率是多少？

（2）汽车所能达到的最大速度是多少？

2. 图 5.15 表示的是在太空中人造卫星环绕地球运行的椭圆轨道.忽略卫星受到的阻力,卫星在轨道运行的速度大小是这样变化的:在远地点时速度最小,从远地点向近地点运动过程中速度逐渐增大,到达近地点时速度最大.试说明其中的道理.

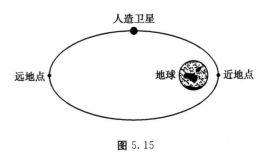

图 5.15

3. 一个物体从静止开始,沿高为 2.0 m 的光滑斜坡滑下.到斜坡底端后,又沿水平地面滑行(图 5.16).物体跟水平地面间的动摩擦因数为 0.20,试计算该物体在水平地面上能滑行多长的距离.

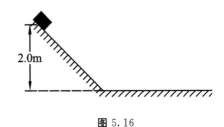

图 5.16

4. 随着人类能量消耗的迅速增加,如何有效地提高能量的利用率是人类所面临的一项重要任务.图 5.17 是某轻轨的设计方案,与站台连接的轨道有一个小的坡度.请你从提高能量利用效率的角度,分析这种设计的优点.

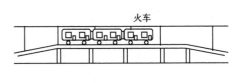

图 5.17

第5章　功和能

自我总结归纳

本章重点：

本章难点：

易错题集：

加强方向：

心得体会：

第6章 周期运动

6.1 周期运动的概述

6.2 匀速圆周运动

一、知识综述

(一) 周期运动的概述

周期运动是一种每隔一段相等的时间就重复一次的往复运动,是比较复杂的机械运动.

1. 周期 T.

做周期运动的物体,往复循环运动一次所需的时间叫作周期.例如,钟表秒针的运动周期 $T=60$ s.

2. 频率 f.

单位时间内周期运动的次数叫作频率,

$$f=\frac{1}{T}.$$

频率的单位为赫(Hz).转动物体的频率有时用转速表示.转速的单位为转/分(r/min).

(二) 匀速圆周运动

质点沿圆周运动时,如果在相等的时间内通过的弧长相等,就是匀速圆周运动.例如,秒针上任一点的运动就是匀速圆周运动.

1. 线速度 v.

质点运动所通过的圆弧长度跟对应时间之比就是线速度的大小,如果圆的半径是 R,则

$$v=\frac{s}{t}=\frac{2\pi R}{T}.$$

线速度是矢量,线速度的方向是质点所在位置圆的切线方向.因为圆周的不同点处切线方向不同,所以线速度方向在不断变化,匀速圆周运动属于变速运动.

2. 角速度 ω.

质点跟圆心相连的半径转动的角度跟对应时间之比叫作角速度,即

第6章 周期运动

$$\omega = \frac{\varphi}{t}.$$

因为一个圆周为 2π 弧度,所以角速度还可表示为 $\omega = \frac{2\pi}{T}$.

3. 机械传动的变速原理.

线速度的大小跟角速度有以下关系:

$$v = \frac{2\pi R}{T} = \omega R.$$

上式说明:① 在 v 一定时,ω 跟 R 成反比.皮带传动、链条传动、齿轮啮合传动都属于这种情况;② 在 ω 一定时,v 跟 R 成正比.例如,变速自行车后轴的飞轮上有好几个半径不同的齿轮(叫作塔轮),它们都以相同的角速度转动,齿轮的线速度跟轮的半径成正比.

二、同步练习

(一)填空题

1. 所有的周期运动都可以用_____或_____这两个物理量来描述其循环的快慢程度.

2. 闹钟上的秒针周期为_____ s,分针周期为_____ s,时针周期为_____ s,运动最慢的是_____.

3. 在工程技术上,描述圆周运动时的频率还常被称为_____,用符号 n 表示,单位为 r/min,在国际单位制中,其单位为_____.

4. 质点做匀速圆周运动的线速度方向为_____.

5. 地球绕太阳公转的轨道近似于圆形,其轨道半径为 1.49×10^8 km.地球公转的线速度大小为_____ km/s.

6. 车间里砂轮机的转速为 3 000 r/min,一个半径为 10 cm 的砂轮对工件的磨削速度为_____ m/s.

7. 一辆变速自行车,中轴上有两个齿盘(又叫花盘),后轴的飞轮上装有 5 个半径不相等的齿盘(塔轮),这辆车有_____挡的变速功能.

8. 玩具小赛车里的电动机跟一般玩具汽车里的电动机是一样的,但是小赛车的速度相当快,因为它装有齿轮变速机构.设电动机轴上齿轮(主动轮)的半径是车轮轴上齿轮(从动轮)半径的 3 倍,则车轮的转速是电动机转速的_____倍.

(二)选择题

1. 对于做匀速圆周运动的质点,下列说法错误的是 [   ]
   A. 质点处于不平衡状态
   B. 线速度矢量不变
   C. 线速度大小不变
   D. 角速度不变

2. 在皮带传动装置中,主动轮半径 r_1 小于从动轮半径 r_2,那么主动轮边缘上 A 点的线速度与从动轮边缘上 B 点的线速度的关系为 [   ]
   A. $v_A > v_B$ B. $v_A < v_B$ C. $v_A = v_B$ D. 无法确定

3. 甲、乙两个物体分别做匀速圆周运动,下列说法正确的是　　[　　]
A. 如果甲、乙的线速度相等,则角速度也一定相等
B. 如果甲、乙的角速度相等,则线速度也一定相等
C. 如果甲、乙的周期相等,则角速度也一定相等
D. 如果甲、乙的周期相等,则线速度也一定相等

(三) 计算题

1. 电动机的皮带轮半径 R_1 为 5.0 cm,转速为 3 000 r/min,用它带动半径 R_2 为 15 cm 的被动轮(图 6.1),求被动轮的转速.

图 6.1

2. 如图 6.2 所示,车床中的电动机的转速为 3 000 r/min,电动机的皮带轮半径 R_1 为 7.5 cm,被动轮半径 R_2 为 15 cm.跟被动轮在同一个轴上的工件直径 R_3 为 10 cm.试求车刀对工件的切削速度.

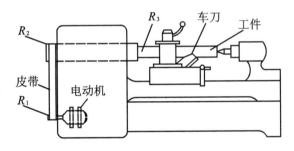

图 6.2

6.3　向心力

6.4　万有引力定律

6.5　空间技术

一、知识综述

(一) 向心力

做匀速圆周运动的质点一定受到指向圆心的向心力,向心力起着迫使质点不断改变线速度方向的作用,使线速度方向始终跟圆周相切.向心力可能是一个力(如果质点只受一个力),如果质点受几个力时,向心力则是这几个力的合力.向心力的大小为

第6章 周期运动

$$F = m\frac{v^2}{r} = m\omega^2 r.$$

向心力是随时间变化的变力.(想一想,为什么)

(二)向心加速度

向心加速度的表达式为

$$a = \frac{v^2}{r} = r\omega^2.$$

从运动的角度来说,向心加速度是说明线速度方向变化快慢的.例如,质点沿一定半径的圆周做匀速转动时,角速度越大,则线速度的方向变化越快,因而向心加速度越大.从力和运动的关系来说,向心加速度是由向心力产生的.

向心加速度是矢量,匀速圆周运动的向心加速度大小虽然不改变,但是质点在圆周不同处向心力的方向是不同的,所以向心加速度的方向不断在改变着.可见,匀速圆周运动是加速度不断变化的非匀变速运动.

(三)万有引力定律

任何两个物体都是相互吸引的,引力大小跟两个物体的质量乘积成正比,跟它们的距离平方成反比,这就是万有引力定律,公式表示为

$$F = G\frac{m_1 m_2}{r^2}.$$

式中引力常量 $G = 6.67 \times 10^{-11}$ N·m^2/kg^2.

(四)人造地球卫星

人造地球卫星绕地球做匀速圆周运动所需的向心力,就是地球对它的万有引力.近地卫星的轨道半径近似等于地球的半径 $R_\text{地}$,卫星环绕地球的速度(第一宇宙速度)由下式求得:

$$mg = m\frac{v_1^2}{R_\text{地}},$$

$$v_1 = \sqrt{gR_\text{地}} = \sqrt{9.8 \times 6.4 \times 10^6} \text{ m/s} \approx 7.9 \times 10^3 \text{ m/s}.$$

如果人造地球卫星离地面高度为 h 不能忽略时,则它的圆周运动轨道半径就是 $R_\text{地} + h$.卫星受到的万有引力也不再是 mg,因为 $mg = G\frac{M_\text{地} m}{R_\text{地}^2}$ 是地表处物体受到的万有引力,而 h 高处的卫星应按 $R = R_\text{地} + h$ 的距离来计算万有引力,即

$$G\frac{M_\text{地} m}{(R_\text{地} + h)^2} = m\frac{v^2}{(R_\text{地} + h)},$$

得 h 高度处的环绕速度为

$$v = \sqrt{\frac{GM_\text{地}}{R_\text{地} + h}}.$$

二、例题分析

例1 把用细线悬挂的小球拉至细线处于水平位置时再释放(图6.3).求证:当球到

达最低点时,线中的拉力大小是球所受重力的 3 倍.

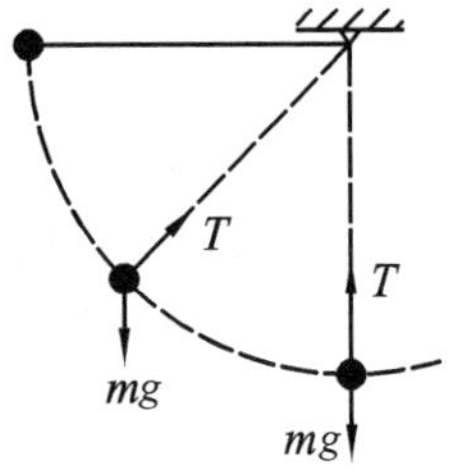

分析与解答

设线长为 l,小球沿圆弧下落过程中,始终受到线的拉力 T 和重力 mg,其中拉力跟速度垂直不做功,只有重力做功,所以小球的机械能守恒,有 $mgl=\dfrac{1}{2}mv^2$,得到 $v^2=2gl$.

小球到达最低点时,拉力跟重力都沿竖直方向,二者的合力就是小球在该点所受到的向心力,根据向心力公式

$$T-mg=m\dfrac{v^2}{l},$$

得到
$$T=mg+m\dfrac{v^2}{l}=mg+m\dfrac{2gl}{l}=3mg.$$

图 6.3

例 2 长 $l=30$ cm 的悬线下端拴着一个小球,小球受到水平冲力作用后,在竖直面内做圆周运动. 如果小球通过圆周最高点时悬线对小球的拉力恰好为零,求这个小球在最高点时的速度.

分析与解答

因为小球在最高点处不受线的拉力,所以小球在该处只受重力,重力就是向心力,根据向心力公式

$$mg=m\dfrac{v^2}{l},$$

得到
$$v=\sqrt{gl}=\sqrt{9.8\times0.30}\text{ m/s}\approx1.7\text{ m/s}.$$

例 3 地球质量 $M_{地}$ 为 5.98×10^{24} kg,半径 $R_{地}$ 为 6.4×10^3 km. 著名的哈勃空间望远镜的轨道高度 h 为 6.1×10^2 km,试求它的环绕速度.

分析与解答

地球对望远镜的万有引力就是向心力,根据向心力公式

$$G\dfrac{M_{地}m}{(R_{地}+h)^2}=m\dfrac{v^2}{R_{地}+h},$$

得到
$$v=\sqrt{\dfrac{GM_{地}}{R_{地}+h}}=\sqrt{\dfrac{6.67\times10^{-11}\times5.98\times10^{24}}{6.4\times10^6+6.1\times10^5}}\text{ m/s}=7.5\text{ km/s}.$$

例 4 1970 年 4 月 24 日,我国发射了第一颗人造地球卫星,它的周期为 114 min,若把它的轨道视为圆形,则其环绕速度及离地面高度分别为多少?(地球质量 $M_{地}$ 为 5.98×10^{24} kg,地球半径 $R_{地}$ 为 6 370 km)

分析与解答

将卫星的运动看作是匀速圆周运动,其向心力就是地球对它的引力. 设卫星距地面的高度为 h,则

$$G\dfrac{M_{地}m}{(R_{地}+h)^2}=m\dfrac{4\pi^2}{T^2}(R_{地}+h),$$

$$R_{地}+h=\sqrt[3]{\dfrac{GM_{地}T^2}{4\pi^2}}=\sqrt[3]{\dfrac{6.67\times10^{-11}\times5.98\times10^{24}\times(6.84\times10^3)^2}{4\pi^2}}\text{ m}\approx7.79\times10^6\text{ m},$$

$$h=(7.79\times10^6-6.37\times10^6)\text{ m}=1.42\times10^6\text{ m},$$

$$v=\frac{2\pi(R_{地}+h)}{T}=\frac{2\times3.14\times7.79\times10^6}{6.84\times10^3}\text{ m/s}\approx7.15\times10^3\text{ m/s}.$$

三、同步练习

(一) 判断题

1. 匀速圆周运动是加速度不变化的匀变速运动. ( )
2. 物体做匀速圆周运动时动能不变. ( )
3. 物体做匀速圆周运动时动量不变. ( )
4. 汽车行驶经过凸面桥的顶端时,桥受到的压力小于汽车的重力. ( )
5. 我们说苹果落到地上,而不说地球向上碰到苹果,是因为地球的质量比苹果大得多,地球对苹果的引力比苹果对地球的引力大得多. ( )
*6. 人造地球卫星绕地球做匀速圆周运动时,离地越高时环绕速度越小. ( )

(二) 填空题

1. 质点做匀速圆周运动的条件是_____.
2. 从线速度来解释产生向心加速度的原因是_____.
3. 要使一个质量为 3.0 kg 的物体在半径为 2.0 m 的圆周上做匀速圆周运动,线速度为 4.0 m/s,需要_____N 的向心力.
4. 一物体沿半径为 1 m 的圆周做匀速圆周运动,若它的动能为 100 J,则它的向心力大小为_____N.
5. 在图 6.4 所示的皮带传动装置中,A、B、C 三点的向心加速度分别为 a_A、a_B、a_C,三者大小相比较:a_A____ a_B,a_A ____ a_C.(填">"、"<"或"=")

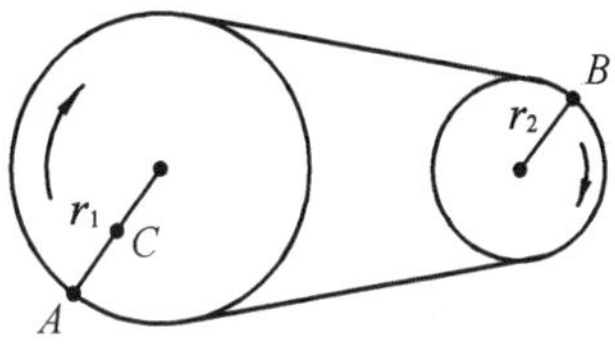

图 6.4

6. 太阳的质量为 2.0×10^{30} kg,地球的质量为 6.0×10^{24} kg,地球中心到太阳中心的距离为 1.5×10^{11} m,太阳对地球的引力大小为_____N.

(三) 选择题

1. 对于做匀速圆周运动的物体,下列物理量都不变的一组是 [ ]
   A. 速度、角速度、周期
   B. 角速度、频率、动能
   C. 速度、频率、周期
   D. 动量、角速度、周期

2. 关于向心力,下列说法正确的是 [ ]
   A. 做圆周运动的物体除原来所受的各力外,又增加了一个向心力
   B. 向心力也有反作用力
   C. 做匀速圆周运动物体的向心力就是所受外力的合力
   D. 向心力是作用在圆心上的

3. 关于匀速圆周运动物体的向心加速度,下列说法正确的是 [ ]
   A. 向心加速度的大小总是和半径成正比
   B. 向心加速度的大小总是和半径成反比

C. 角速度恒定时,向心加速度和半径成反比
D. 角速度恒定时,向心加速度和半径成正比

4. 锥摆(图 6.5)中的小球做匀速圆周运动时,它受的力有 [ ]
   A. 重力和拉力
   B. 重力、拉力和向心力
   C. 重力和向心力
   D. 拉力和向心力

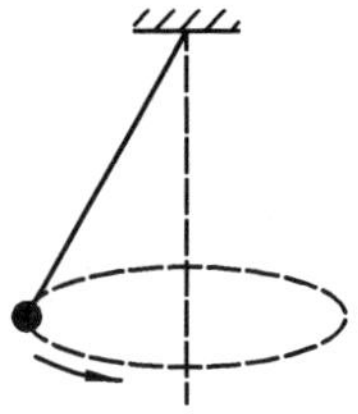

图 6.5

5. 关于万有引力,下列说法正确的是 [ ]
   A. 由于电子太小,所以电子之间不存在万有引力
   B. 万有引力的大小与两物体的质量及距离有关
   C. 只有在地面上的物体才受到地球的万有引力的作用
   D. 悬浮在空气中的尘埃不受到地球对它的万有引力

6. 一个物体在地球表面所受的重力为 G,则在离地面高度为地球半径 2 倍处时,所受地球的引力为 [ ]
   A. $\dfrac{G}{2}$
   B. $\dfrac{G}{3}$
   C. $\dfrac{G}{4}$
   D. $\dfrac{G}{9}$

7. 在绕地球做匀速圆周运动的航天飞机外表面上,有一隔热陶瓷片自动脱落,它的运动状态是 [ ]
   A. 沿切线方向匀速运动
   B. 自由落体运动
   C. 平抛运动
   D. 绕地球做匀速圆周运动

8. 人造地球卫星在环绕地球做匀速圆周运动时,卫星中的物体处于失重状态是指 [ ]
   A. 物体不受地球吸引力,也不受向心力
   B. 物体受到的地球吸引力和向心力平衡
   C. 物体只受向心力,不受地球吸引力
   D. 对支持它的物体的压力为零

6.6　简谐运动

6.7　单摆和单摆的周期

6.8　共振现象

一、知识综述

(一) 简谐运动

质点沿着一段直线或弧线,在平衡位置附近做来回往复的运动叫作振动,这是一种周期性运动.以弹簧振子为例,振子离开平衡位置时,就会受到弹力的作用,弹力的方向总是指向平衡位置,这种能使振子回到平衡位置的力叫作回复力.

弹力 F 的另一个特点是,它的大小跟位移 x(弹性变形大小)成正比,再考虑到弹力跟位移的方向相反,所以弹簧振子的弹力——回复力的数学式为
$$F=-kx.$$
还有其他一些振动,其回复力的特点跟弹力的特点相同,这样的振动叫作简谐运动.

因为回复力的大小和方向都是变化的,所以简谐运动加速度的大小和方向也是变化的,加速度的方向始终跟回复力的方向相同,加速度的大小跟回复力大小的变化一致.以弹簧振子为例,振子经过平衡位置时,因为回复力为零,所以加速度为零;振子离平衡位置越远时,回复力越大,所以加速度越大;振子在离平衡位置最远处时,回复力最大,所以加速度最大.这种加速度变化的运动属于非匀变速运动.

(二) 周期、振幅

振动物体完成一次全振动的时间叫作周期.单位时间内完成全振动的次数叫作频率.周期与频率成倒数关系.

振动物体离开平衡位置的最大距离叫作振幅.

(三) 单摆

摆球在一个竖直平面内来回往复运动,且把小球(摆球)系在悬线(摆线质量忽略不计)下,就能成为一个摆.当摆球在一个竖直平面内来回往复运动,且摆线跟竖直方向夹角小于 5°时,摆的振动被近似认为是简谐运动,此时的摆被称为单摆.

图 6.6

从摆线的悬挂点到摆球重心的长度 l(图 6.6)叫作摆长.单摆的振动周期跟摆长的平方根成正比,而跟摆球的质量、摆角的大小无关.用公式表示为
$$T=2\pi\sqrt{\frac{l}{g}}.$$

(四) 简谐运动中的能量转换

以弹簧振子为例,振子的机械能就是动能与弹性势能之和.因为振动过程中只有弹力做功,所以机械能守恒.振子经过平衡位置时弹簧形变为零,所以弹性势能为零,全部机械能就是动能,因而速度最大;振子离平衡位置越远,弹性形变越大,所以弹性势能越大,动能越小,因而速度也越小;振子的位移大小等于振幅时,全部机械能就是弹性势能,动能为零,速度为零.

结合前面讲到的加速度变化可以看到,弹簧振子速度大小的变化趋势跟加速度大小的变化趋势相反.

单摆振动的机械能是动能与重力势能之和.因为振动过程中只有重力做功,所以机械能守恒.单摆的机械能转换情况、速度与加速度的变化趋势跟弹簧振子类似.

(五) 共振现象

1. 自由振动. 物体只在回复力作用下的振动叫作自由振动,自由振动的周期是由物体自身情况决定的,所以也叫固有周期.例如,单摆的自由振动周期只取决于自身的摆长,$T=2\pi\sqrt{\dfrac{l}{g}}$ 也就是单摆的固有周期公式.又如,每个弹簧振子都有自己的固有周期,固有周期的大小跟振子的振幅无关.

2. 驱动力与受迫振动. 振动物体除了受回复力之外,若还受到其他的周期性外力,这种外力叫作驱动力.物体在驱动力作用下发生的振动叫作受迫振动.受迫振动的周期等于驱动力的周期.

3. 共振. 当驱动力的周期(或频率)跟受迫振动物体的固有周期(或固有频率)相等的时候,受迫振动的振幅最大,这叫作共振现象.

二、例题分析

例 用长度均为 l 的两根细线分别悬挂 A、B 两个小球,使它们各自处于最低位置.然后将 A 球移到线的悬挂点,将 B 球的摆线偏离竖直方向 5°,同时从静止开始释放两球,二者谁先到达最低点处(图 6.7)?

分析与解答

A 球做自由落体运动,根据公式 $l=\frac{1}{2}gt_A^2$,得 A 球的下落时间为

$$t_A = \sqrt{\frac{2l}{g}} = \sqrt{2}\sqrt{\frac{l}{g}}.$$

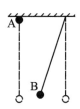

图 6.7

B 球做自由振动,根据单摆固有周期公式 $T=2\pi\sqrt{\frac{l}{g}}$,B 球下落的时间是 $\frac{1}{4}$ 周期,即

$$t_B = \frac{T}{4} = \frac{\pi}{2}\sqrt{\frac{l}{g}}.$$

因为 $\sqrt{2} < \frac{\pi}{2}$,所以 A 球先到达最低点处.

三、同步练习

(一) 填空题

1. _____叫作简谐运动.例如,_____.

2. 弹簧振子经过平衡位置时,动能_____,弹性势能_____;到达距平衡位置最远处时,动能_____,弹性势能_____.(填"最大"、"最小"或"为零")

3. 如果弹簧振子的振幅为 10 cm,振子在一个周期内运动的路程为_____ cm.

4. 一单摆的周期为 2 s,当球的质量减少为原来的 $\frac{1}{4}$ 时,它的频率变为_____;当摆长变为原来的 4 倍,其周期变为_____.

5. 单摆甲在 30 s 内摆动 60 次,单摆乙在 10 s 内摆动 5 次,则甲、乙两摆振动频率之比等于_____,若它们在同一地方,则甲、乙两摆摆长之比等于_____.

6. 测某地的重力加速度时,用了一个摆长为 1.2 m 的单摆,测得 50 次全振动的时间为 110 s,这个单摆的平均周期为_____ s,当地的重力加速度为_____ m/s².

第6章 周期运动

7. 产生共振的条件是_____，产生共振时受迫振动的振幅_____．

8. 普通的铁路每根铁轨长 12 m，铁轨之间有伸缩缝，若支持车厢的弹簧连同车厢的固有周期为 0.6 s，则列车的行驶速度为_____ m/s 时，车厢振动得最厉害．

（二）选择题

1. 关于简谐运动，下列说法正确的是 [ ]
   A. 回复力总是指向平衡位置
   B. 加速度、速度方向永远一致
   C. 在平衡位置加速度、速度均达到最大值
   D. 振子离开平衡位置的过程中，弹簧振子的机械能不断减小

2. 弹簧振子在做简谐运动时 [ ]
   A. 加速度和位移大小成正比，方向相反　　B. 加速度和位移大小成正比，方向相同
   C. 速度和位移大小成正比，方向相反　　D. 速度和位移大小成正比，方向相同

3. 做简谐运动的物体在通过平衡位置时，具有最大值的物理量是 [ ]
   A. 加速度　　　B. 速度　　　C. 位移　　D. 机械能

4. 如图 6.8 所示，O 点是弹簧振子的平衡位置，A 点和 B 点分别是振子达到的最远点．关于振子的速度和加速度，下列说法正确的是 [ ]
   A. 经过 A 点时，加速度最大，速度最大
   B. 经过 O 点时，速度最大，加速度最大
   C. 经过 A 点时，速度为零，加速度为零
   D. 经过 O 点时，速度最大，加速度为零

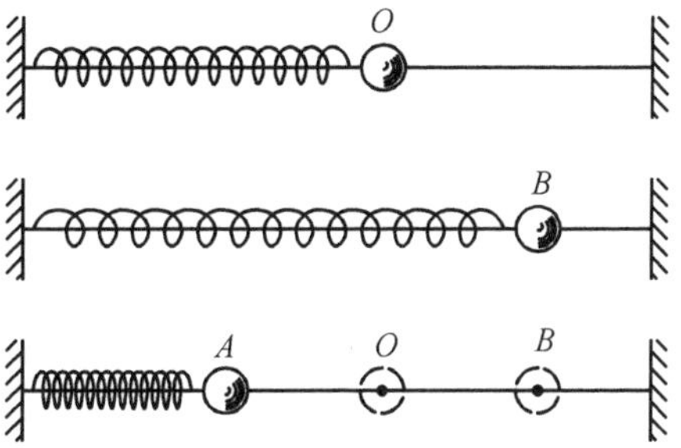

图 6.8

5. 一个单摆的频率为 10 Hz，若要使它变为 5 Hz，下列方法可行的是 [ ]
   A. 使摆球的质量减少为原来的 $\frac{1}{2}$
   B. 使摆长增大为原来的 2 倍
   C. 使振幅增大为原来的 2 倍
   D. 使摆长增大为原来的 4 倍

6. 甲城的重力加速度为 g_1，乙城的重力加速度为 g_2，将一个有摆的座钟从甲城送到乙城后，发现钟走时快了（两地气温相同）．下列说法和调节的方法正确的是 [ ]
   A. 因为 $g_1 > g_2$，应减小摆长　　B. 因为 $g_1 > g_2$，应增大摆长
   C. 因为 $g_1 < g_2$，应增大摆长　　D. 因为 $g_1 < g_2$，应减小摆长

7. 关于受迫振动，下列说法正确的是 [ ]
   A. 受迫振动的频率总是等于物体的固有频率
   B. 受迫振动的频率必须大于物体的固有频率，物体才会产生共振
   C. 驱动力越大，物体做受迫振动的振幅越大
   D. 驱动力的频率越接近物体的固有频率，物体做受迫振动的振幅越大

(三) 计算题

1. 图 6.8 中的 AB 为 40 cm，振子在 20 s 内做 5 次全振动.

(1) 求振子的振幅、周期、频率；

(2) 若从 B 点开始计时，经过 $\frac{3}{4}$ 周期小球在什么位置？

2. 卡车在起伏不平的路面上行驶，路面上凸起处相隔的距离大都在 16 m 左右. 卡车车厢连同底部弹簧的固有频率为 0.50 Hz. 试问：卡车以多大速度行驶时，车厢振动得最激烈？

本章知识结构

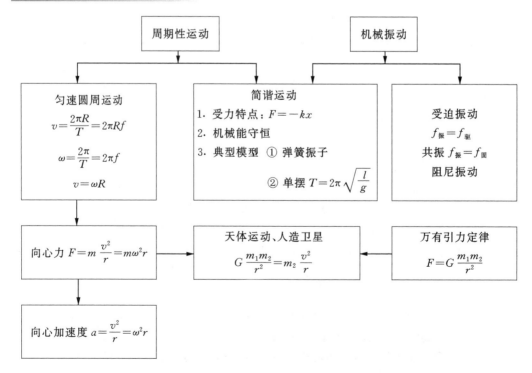

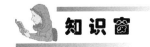

名字上了月球的中国人

石申 石申是战国时期天文学家,魏国人.他和楚人甘德各自写了一部天文学著作,后人把这两部著作合称为《甘石星经》.这是世界上最早的天文学著作.国际月面地名命名委员会把月球背面的一座环形山命名为"石申山".

张衡 张衡是东汉时期杰出的科学家.他著有我国第一部天文理论著作《灵宪》,制成了世界上第一架能测定天象的浑天仪.公元132年,制成了测报地震的地动仪.国际月面地名命名委员会把月球背面东经112度、北纬19度的一座环形山命名为"张衡山".

祖冲之 祖冲之是南北朝时期南朝卓越的数学家和天文学家.他把圆周率精确地推算到数值在3.141 592 6和3.141 592 7之间,比欧洲人的演算早将近1 000年.他的数学专著《缀术》到唐朝被定为学校的课本.其创立的《大明历》是中国古代优秀的历法之一.1959年10月,苏联在"月球3号"卫星首次拍下月球背面照片后,就以"祖冲之"命名一个环形山.其月面坐标是:东经148度、北纬17度.

郭守敬 郭守敬是元代卓越的科学家,他在全国各地设立了27个观测站,最北的观测点在西伯利亚,最南的在东沙群岛,进行规模巨大的"四海测量".他推算得出一年的时间是365.242 5天,精确程度同地球公转周期相差无几.他主持编成的《授时历》,一年的周期与现在的公历相同.另外,郭守敬还创造和改造了十余种天文仪器,著名的"简仪"就是他创造的.国际月面地名命名委员会把月球背面西经134度、北纬8度的一个环形山命名为"郭守敬山".

万户 明朝人万户在座椅上捆绑了47支火箭,自己坐在椅子上,手持两个大风筝,令人点火,试图利用火箭的推力和风筝的升力升空.万户惊人的胆略和非凡的预见,为后人进入太空打开了思路.为纪念这位世界上第一个利用火箭推力飞行的先驱者,人们将月球背面的一座环形山命名为"万户环形山".

本章自测题 A

一、填空题

1. 用长 $l=50$ cm 的细线一端拴一质量为100 g 的物体,使物体在水平面上做匀速圆周运动,转速 $n=60$ r/min,则物体线速度大小为_____,角速度为_____,细线的拉力大小为_____.

2. 太阳质量是无法直接测量出来的,可根据天文观测数据间接测量出.已知地球绕太阳的公转周期 $T=3.16×10^7$ s,地球绕太阳公转的轨道半径 $r=1.49×10^{11}$ m,根据地球绕太阳公转的向心力是由太阳对地球的万有引力所提供的,可得太阳质量计算公式 $m=$_____,代入数据,可得太阳质量为_____ kg.

3. 某弹簧振子的周期为 0.8 s,振子在 18 s 内通过的路程为 2.7 m,则该弹簧振子做简谐运动的振幅为_____ m.

4. 某一弹簧振子完成 10 次全振动需要 2 s 的时间,在此 2 s 内通过的路程为 80 cm,则此弹簧振子的周期为_____,频率为_____,振幅为_____.

5. 甲、乙两球都做匀速圆周运动,质量之比 $m_甲 : m_乙 = 1 : 2$,半径之比 $r_甲 : r_乙 = 2 : 1$,所受向心力相等,则甲、乙运动周期之比 $T_甲 : T_乙 =$ _____.

二、选择题

1. 用细绳拴一小球,使它在水平面内做匀速圆周运动,若角速度不变,则 [　　]
   A. 长的绳子易断　　　　　　B. 短的绳子易断
   C. 长的绳子和短的绳子同时断　D. 无法确定

2. 一个做匀速圆周运动的物体,它的每秒转数如果增为原来的 2 倍,则向心力是原来的 [　　]
   A. 1 倍　　B. 2 倍　　C. 4 倍　　D. 8 倍

3. 对于匀速圆周运动,下列说法正确的是 [　　]
   A. 它是惯性运动　　　B. 它是匀变速运动
   C. 它是非匀变速运动　D. 上述说法均不正确

4. 一个质量为 200 g 的弹簧振子做简谐运动,当它运动到平衡位置左侧 2 cm 时,受到的回复力为 4 N,当它运动到平衡位置右侧 4 cm 时,其加速度为 [　　]
   A. 20 m/s^2,向右　　B. 20 m/s^2,向左
   C. 40 m/s^2,向左　　D. 40 m/s^2,向右

三、计算题

1. 用长为 25 cm 的细线拴一质量为 10 g 的小球,在水平面上做匀速圆周运动,细线能承受的最大拉力为 0.81 N,那么这个物体的转速不得超过多少转/分?

2. 一根长为 0.5 m 的细绳,悬挂质量 $m = 1.5$ kg 的小球,手持小球将悬线拉至水平位置后,由静止释放.试求小球在最低点时的速度及绳的拉力.(g 取 10 m/s^2)

3. 质量为 900 kg 的小汽车驶过一半径为 50 m 的圆形拱桥,到达桥顶时的速度为 5 m/s,求此时汽车对桥的压力.

4. 一辆汽车质量为 2×10^3 kg,在水平路面上行驶,经过半径为 50 m 的弯路时,如果车

速为 72 km/h,这辆车会不会发生事故?已知轮胎与路面的最大静摩擦力为 1.4×10^4 N. (提示:汽车的运动可看作匀速圆周运动,所需的向心力由侧向静摩擦力提供)

本章自测题 B

一、填空题

1. 凸面桥的半径为 R,一辆质量为 m 的汽车以速度 v 经过桥顶时,汽车对桥顶的压力大小等于_____;当汽车以 v 为_____的速度经过桥顶时,它对桥顶的压力等于零.

2. 设想在地球中心处,测一个质量为 m 的物体的重力 G,测得的结果是 G 为_____.

3. 简谐运动的回复力跟位移的关系是_____. 按运动性质分类,简谐运动属于_____运动.

4. 一个固有频率为 2.0 Hz 的单摆,在频率为 5.0 Hz 的驱动力作用下做受迫振动时,受迫振动的频率为_____ Hz. 若想使这个摆发生共振,驱动力的频率应调整为 _____ Hz.

二、选择题

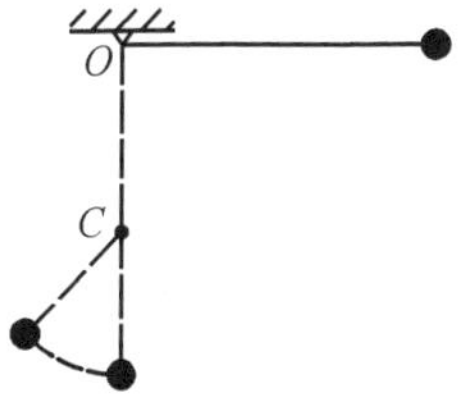

1. 悬线的下端系一个小球,第 1 次将悬线拉至水平位置,由静止释放小球,小球沿圆弧下落到最低处时的线速度为 v_1、角速度为 ω_1、线对球的拉力为 T_1.第 2 次将悬线拉至水平位置,由静止释放小球,在小球落到最低处时用钉子 C 挡住线(图 6.9),使 OC 不再摆动,小球到达最低处时的线速度为 v_2、角速度为 ω_2、线对球的拉力为 T_2.下列说法正确的是 [ ]

图 6.9

    A. $v_1 = v_2, \omega_1 = \omega_2, T_1 = T_2$ B. $v_1 = v_2, \omega_1 < \omega_2, T_1 < T_2$

    C. $v_1 > v_2, \omega_1 > \omega_2, T_1 > T_2$ D. $v_1 < v_2, \omega_1 < \omega_2, T_1 < T_2$

2. 月球上的重力加速度是地球上的重力加速度的 $\frac{1}{6}$.地球上周期为 T 的单摆送到月球上时,它的周期将变为 [ ]

    A. $6T$ B. $\frac{T}{6}$ C. $\frac{T}{\sqrt{6}}$ D. $\sqrt{6}T$

3. 有一个弹簧振子,第 1 次把弹簧压缩 l 长度后使它振动,第 2 次把弹簧压缩 $2l$ 长度后使它振动.这两次振动的周期之比为 [ ]

    A. 1∶2   B. 2∶1   C. 1∶1   D. 1∶4

三、计算题

1. 一个圆锥摆(图 6.10)的摆线长 l 为 1.0 m,摆线跟竖直方向的夹角 θ 为 30°,摆线下的小球质量 m 为 0.20 kg.试求:

(1) 这个小球在水平面上做匀速圆周运动过程中所受线的拉力；

(2) 小球做匀速圆周运动的角速度.

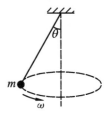

图 6.10

2. 单摆的摆线长为 2.0 m，将摆球从 A 点开始释放（图 6.11），摆线经过平衡位置 O 点时被 B 处的钉子挡住，$O'B$ 长为 1.0 m. 摆球到达右边的最高点是 C 点. A 点或 C 点处的摆角均小于 5°. 试求：

(1) 摆球从 O 点运动到 C 点所需的时间；

(2) 摆球从 C 点返回运动到 A 点所需的时间.

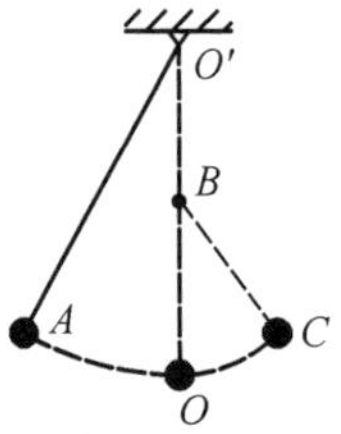

图 6.11

*3. 质量为 m 的汽车沿半径为 40 m 的水平公路面转弯，若路面对车的最大静摩擦力为车重的 0.5 倍，为使汽车顺利转弯而不滑行的车速最大值是多大？

自我总结归纳

本章重点：

本章难点：

易错题集：

加强方向：

心得体会：

第7章 物态 物体的内能

7.1 气体的状态参量

7.2 理想气体的状态方程

一、知识综述

(一) 气体的状态参量

1. 体积 V.

气体由于分子的运动,它总能充满容器,所以容器的容积就是气体的体积.

2. 温度 T.

温度是分子热运动激烈程度的标志.

(1) 摄氏温度 t,单位为℃.

(2) 绝对温度(热力学温度)T,单位为 K.

摄氏的 -273.15 ℃是绝对温度的零度,即 0 K 等于 -273.15 ℃,这是低温的极限. 绝对温度的每一度跟摄氏温度的每一度大小相同,所以两种温度的换算关系为

$$T=(t+273) \text{ K}(简化计算时取 0 \text{ K}=-273 ℃).$$

3. 压强 p.

大量气体分子对器壁的持续碰撞就产生了压强.

压强的国际单位是 $Pa(N/m^2,帕)$,在实际应用中压强的单位还有 atm(标准大气压)和 cmHg 等. 换算关系为

$$1 \text{ atm}=76 \text{ cmHg}=1.013\times10^5 \text{ Pa}\approx10^5 \text{ Pa}.$$

(二) 理想气体状态方程

气体的体积、温度和压强这三个状态参量是有密切联系的. 对于一定质量的气体,当其中一个参量改变时,其他参量中至少有一个参量要随之改变,有时三个参量同时改变. 不可能只有一个参量变化而其他两个参量都不变.

实验表明,一定质量的气体在压强不太大、温度不太低的情况下,保持三个参量中的某一个参量不变时,其他两个参量就有一定的比例关系——三个实验定律. 我们把能够严

格遵守三个实验定律的气体叫作理想气体.对于压强不太大、温度不太低的实际气体,可以近似看作理想气体.

利用三个气体实验定律,可归纳得出:一定质量的理想气体,它的压强和体积的乘积跟热力学温度之比,在状态变化过程中保持不变.用下标"1"和"2"分别表示两个不同的状态,则

$$\frac{p_1 V_1}{T_1} = \frac{p_2 V_2}{T_2} = 常量.$$

上式叫作理想气体状态方程.运用该方程时,必须注意气体温度用绝对温度表示;至于压强的单位,可视命题中的已知条件,选择便于计算的单位,而不必一定要以 Pa 为单位,因为方程式等号两边都有压强,只要等号两边压强单位相同就可将单位消去.

在运算关系上,气体的三个实验定律可以看作是一定质量理想气体状态变化的三个特例,即

(1) 等温变化过程:

$$p_1 V_1 = p_2 V_2.$$

(2) 等压变化过程:

$$\frac{V_1}{T_1} = \frac{V_2}{T_2}.$$

(3) 等容变化过程:

$$\frac{p_1}{T_1} = \frac{p_2}{T_2}.$$

二、例题分析

例 1 一只氧气瓶能承受的最大压强为 1.0×10^6 Pa,给它灌满氧气后温度为 27 ℃,压强为 9.0×10^5 Pa,问能否将它置于 87 ℃ 的环境中?

分析与解答

氧气瓶的容积可认为不变,但氧气瓶内的温度会随环境温度的变化而变化,因此压强一定会随温度的变化而发生变化.本题实际上只要计算一下在 87 ℃ 时瓶内气体的压强,将它与瓶所能承受的最大压强比较,便可得出答案.

已知参量为 $T_1 = (273+27)$ K $= 300$ K,$p_1 = 9.0 \times 10^5$ Pa,$T_2 = (273+87)$ K $= 360$ K,根据等容过程的气态方程 $\frac{p_1}{T_1} = \frac{p_2}{T_2}$,得出

$$p_2 = \frac{p_1 T_2}{T_1} = \frac{9.0 \times 10^5 \times 360}{300} \text{ Pa} = 1.08 \times 10^6 \text{ Pa}.$$

因 1.08×10^6 Pa $> 1.0 \times 10^6$ Pa,所以该氧气瓶会爆炸,不能将该氧气瓶置于 87 ℃ 的环境中.

例 2 装有氧气的钢瓶在 17 ℃ 时,瓶上气压计示数为 9.5×10^5 Pa;运到温度为 -13 ℃ 的工地时,气压计示数为 8.0×10^5 Pa. 这个钢瓶是否漏气?

第7章 物态 物体的内能

分析与解答

先假设钢瓶不漏气,计算它在体积不变时应有的压强,然后再与气压计的示数核对,若计算值大于气压计示数,则说明钢瓶漏气.

已知参量为 $T_1=(273+17)$ K$=290$ K,$p_1=9.5\times 10^5$ Pa,$T_2=(273-13)$K$=260$ K,计算值为 p_2.

由 $\dfrac{p_1}{T_1}=\dfrac{p_2}{T_2}$,得出

$$p_2=\dfrac{p_1 T_2}{T_1}=\dfrac{9.5\times 10^5\times 260}{290}\text{ Pa}\approx 8.52\times 10^5\text{ Pa}.$$

因为计算值 8.52×10^5 Pa 大于示数 $p_2'=8.0\times 10^5$ Pa,所以钢瓶漏气.

本题还可用 $\dfrac{p}{T}$ 的比值来检验,若 $\dfrac{p_1}{T_1}>\dfrac{p_2'}{T_2}$,则表明钢瓶漏气.

*例3 在一端封闭的细玻璃管内,用一段长为 l cm 的水银封闭了一些气体,然后用橡皮塞把管的开口端也封住(图 7.1).当把水银柱上方和下方的空气柱同时由温度 T_1 升高至 T_2,问这段水银柱是否会移动?如果移动,向什么方向移动?

图 7.1

分析与解答

将上、下两段气柱分别用下标"上"和"下"区分.温度 T_1 时,$p_下=(p_上+l)$ cmHg,即 $p_下-p_上=l$ cmHg.设想水银柱不动,让这两段气体各自做等容变化,若温度升至 T_2 时,下段的压强 $p_下'$ 仍比上段的压强 $p_上'$ 大 l cmHg,水银柱就不会移动,否则要移动.

两段气体各自做等容变化,有

$$\dfrac{p_上}{T_1}=\dfrac{p_上'}{T_2},\quad \dfrac{p_下}{T_1}=\dfrac{p_下'}{T_2}.$$

得到

$$p_上'=p_上\dfrac{T_2}{T_1},\quad p_下'=p_下\dfrac{T_2}{T_1}.$$

压强差

$$p_下'-p_上'=(p_下-p_上)\dfrac{T_2}{T_1}=\dfrac{T_2}{T_1}l\text{ cmHg}.$$

因为温度升高,$\dfrac{T_2}{T_1}>1$,所以 $p_下'-p_上'>l$ cmHg,水银柱将向上移动.

例4 潜水员在水面下 50 m 深处,吐出一个体积为 3.0 mm^3 的小气泡,该处水温为 4.0 ℃.当这个气泡升至水面时,体积有多大?已知水面处水温为 14 ℃,水面上气压为 1.0 atm.

分析与解答

取气泡在水面下 50 m 处为状态"1",到水面时为状态"2",分别写出它们的状态参量:
$V_1=3.0$ mm^3;$T_1=(273+4.0)$K$=277$ K;由于 1 atm$=10.33$ m 水深的压强,近似取 1 atm$=10$ m 水柱高的压强,所以 $p_1=(5.0+1.0)$ atm$=6.0$ atm,$T_2=(273+14)$ K$=287$ K,$p_2=1.0$ atm.

根据理想气体状态方程 $\dfrac{p_1 V_1}{T_1}=\dfrac{p_2 V_2}{T_2}$,得到水面处气泡体积为

$$V_2 = \frac{p_1 V_1}{T_1} \cdot \frac{T_2}{p_2} = \frac{6.0 \times 3.0}{277} \times \frac{287}{1.0} \text{ mm}^3 \approx 18.6 \text{ mm}^3.$$

三、同步练习

(一) 判断题

1. 温度可用来表示物体内分子热运动的剧烈程度. ( )
2. 当气温从 20 ℃升高到 30 ℃时,它升高的热力学温度是 283 K. ( )
3. 如图 7.2 所示为左端开口、右端封闭的 U 形管,管中两端水银面高度差 $h=7.0$ cm,开口端大气压为 76 cmHg. 由此可知右端被封闭气体的压强为 83 cmHg. ( )
4. 实际气体在压强不太大、温度不太低时,可当作理想气体. ( )
5. 对于一定质量的气体,它的 p、V、T 三个状态参量中,如果有两个参量没有变化,那么第三个参量一定不会发生变化. ( )

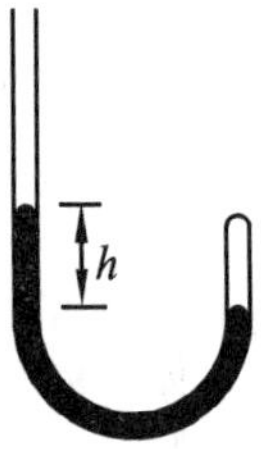

图 7.2

*6. 如图 7.3 所示,竖直放置的两端封闭的玻璃管中,有一段水银柱把管中的气体分成上、下两部分,上部气体的状态参量是 p_1、V_1、T_1,下部气体的状态参量是 p_2、V_2、T_2,若两部分气体温度 $T_1 = T_2$,则 $p_1 V_1 = p_2 V_2$. ( )

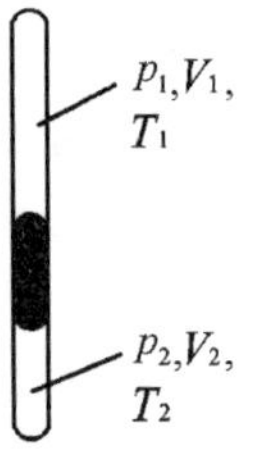

图 7.3

(二) 填空题

1. 一切物体都是由大量的相互间存在间隙的_____组成的,它们总是永不停息地做_____的热运动,分子间有相互_____,这就是分子动理论的基本论点.

2. 压强的单位 1 atm=_____ cmHg≈_____ Pa≈_____ m水柱高.

3. 人的基础体温是 37 ℃,用热力学温度表示为_____K;1911 年荷兰物理学家昂内斯发现一旦水银接近 4.2 K 时电阻会突然降为零,这一现象称为超导现象,4.2 K 叫作水银的临界温度,它用摄氏温度表示为_____℃。

4. 一定质量的气体在某个温度时体积为 20 L、压强为 75 cmHg.若保持温度不变,使体积增大为 100 L 时,压强变为_____ cmHg.

5. 一定质量的氢气在 0 ℃时压强为 1.0 atm.若保持体积不变,使压强增大为 1.5 atm时,此时的温度应为_____℃.

6. 一定质量的氧气在保持压强不变时,温度由 27 ℃升高至 54 ℃,它的体积将由 10 L 增大为_____ L.

(三) 选择题

1. 对于一定质量的气体处于平衡状态,是指 [ ]
   A. 气体处于静止状态
   B. 气体处于匀速直线运动状态

第7章 物态 物体的内能

C. 气体的 p、V、T 都不随时间发生变化

D. 气体的三个状态参量中,有一个不随时间发生变化

2. 一定质量气体的 p、V、T 三个状态参量,不可能出现的是　　　　　　[　　]

A. 三个参量全部发生变化

B. 只有两个参量发生变化,另一个参量不变

C. 只有一个参量发生变化,另两个参量不变

D. 三个参量全都不发生变化

3. 用托里拆利管测大气压时,如果不慎使水银柱上端的封闭空管里有了一点空气,那么测出的气压值 p 跟实际气压值 p_0 相比较　　　　　　[　　]

A. $p>p_0$　　　B. $p=p_0$　　　C. $p<p_0$　　　D. 无法比较两者大小

4. 在一封闭容器中装有一定质量的气体,如果使其保持恒温状态,则　　[　　]

A. 体积改变时,压强不变　　　　B. 压强改变时,体积不变

C. 若体积不变,压强也不变　　　D. 若体积改变,分子平均动能也改变

*5. 在实验室里,要从盛有液体的瓶中汲出少量液体,常用以下方法:取一根两端开口的玻璃管,使其一端插入液体中,然后用大拇指封闭上端(图 7.4),再把玻璃管从液体中抽出.如果玻璃管插入液体中的长度为 l,从液体中抽出后玻璃管中液体的长度为 l',则 l 和 l' 的关系为　　[　　]

A. $l>l'$　　　B. $l=l'$

C. $l<l'$　　　D. 无法比较两者大小

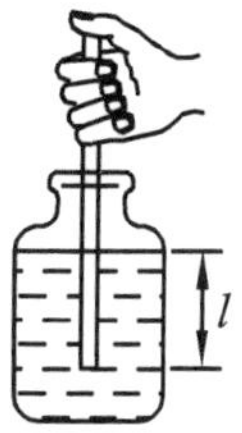

图 7.4

(四) 计算题

1. 一个充有氦气的探测气球,未升空时气球内温度为 27 ℃、压强为 1.5 atm、体积为 5.0 m³.升空到某高度时温度为 17 ℃、压强为 0.9 atm,这时气球体积是多大?

2. 装在容器中的气体,体积为 4.0 L、压强为 2.0×10^5 Pa、温度为 27 ℃.先让气体发生等容变化,压强增大为原来的 2 倍;然后让气体发生等温变化,压强又降为原来的值.求气体在末状态时的体积和温度.

7.3 物体的内能 热力学第一定律
7.4 晶体 非晶体 液晶

一、知识综述

(一) 物体的内能

物体内所有分子动能与分子势能的总和,叫作物体的内能.由于物体温度越高,它的分子平均动能越大,所以温度的高低决定了分子总动能的大小.分子间平均距离变化了,分子的势能也就随之改变,所以物体的体积决定了分子势能的大小.可见一定质量物体的内能是由它的温度和体积所决定的.

理想气体的分子间没有作用力,所以理想气体没有分子势能,它的内能就是分子动能,内能的大小只取决于温度.

(二) 改变物体内能的两种方式

热传递和做功是改变物体内能的两种方式.传热或做功的多少就是内能改变量的多少.

(三) 热力学第一定律

热力学中把被研究对象称为系统.系统吸收的热量 Q 等于系统的内能改变量 ΔE 和系统对外界做功 W 的总和.这就是热力学第一定律,用公式表示为 $Q=\Delta E+W$ 或 $\Delta E=Q-W$.

上述公式中每一项都是代数值.由于外界向系统传热或外界对系统做功时,都会使内能增加,这可比喻为"收入";系统向外界传热或系统对外界做功时,都会使内能减少,这可比喻为"支出".如果"收入"大于"支出",系统的内能就会增加;反之,系统的内能就会减少.内能的改变量可以比喻为"结余".热力学第一定律就是算一笔能量的"账",即结余=收入-支出.

所以内能改变量 ΔE 可参照下列情况进行计算:

ΔE=外界对系统做的功 W-系统向外界传的热 Q.

ΔE=外界向系统传的热 Q-系统对外界做的功 W.

(四) 能的转换与守恒定律

能量既不能创生,也不能消失,只能从一种形式转换为另一种形式,或者从一个物体转移到另一个物体,而能量的总和保持不变.这就是能的转换与守恒定律.它是自然界中最普遍的规律之一.

(五) 晶体和非晶体

晶体、非晶体在物质结构和物理性质上有许多不同之处.例如,晶体有规则的构造和规则的天然外形,而非晶体则不是;晶体呈各向异性(如传热),而非晶体呈各向同性.

第7章 物态 物体的内能

二、例题分析

例1 在绝热过程(系统跟外界没有热传递)中,系统对外界做 5.0×10^4 J 的功时,内能如何变化?

分析与解答

本题热量 $Q=0$. 系统对外界做功时是"支出",所以内能改变量
$$\Delta E = -5.0 \times 10^4 \text{ J}.$$

例2 封闭在汽缸里的气体,推动活塞对外界做功 3.0×10^4 J,同时从外界吸收热量 5.0×10^4 J,气体的内能变化量是多少?

分析与解答

气体对外界做功,会使内能减少 3.0×10^4 J. 它从外界吸热,会使内能增加 5.0×10^4 J. "收入"大于"支出",内能将增加
$$\Delta E = (5.0 \times 10^4 - 3.0 \times 10^4) \text{ J} = 2.0 \times 10^4 \text{ J}.$$

例3 空气压缩机在一次压缩中,活塞对空气做了 2.0×10^5 J 的功,同时从外界吸收了 4.19×10^5 J 的热量,请问:空气的内能变化了多少?空气的内能是增加还是减少?

分析与解答

选空气压缩机里的空气为研究对象,活塞对空气做功,会使内能增加 2.0×10^5 J;而空气从外界吸收热量,会使内能增加 4.19×10^5 J.

所以空气的内能将增加
$$\Delta E = (4.19 \times 10^5 + 2.0 \times 10^5) \text{ J} = 6.19 \times 10^5 \text{ J}.$$

三、同步练习

(一)判断题

1. 一颗炮弹在空中以速度 v 飞行,由于炮弹中的所有分子都具有这个相同的速度 v,这个速度决定了分子动能.又由于所有分子都有相同的离地高度,这个高度决定了分子势能.上述的动能与势能之和就是炮弹的内能. (   )
2. 一定质量的理想气体的内能只跟温度有关,跟体积无关. (   )
3. 做功和传热都能改变系统的内能. (   )
4. 热量总是从高温物体传给低温物体. (   )
5. 系统从外界吸收热量和系统对外界做功,这两种情况都会使系统的内能增加. (   )
6. 理想气体只有在体积发生变化时才能做功. (   )
7. 晶体有天然的规则形状和各向异性的特点. (   )
8. 在一定的压强下,玻璃也有一定的熔点. (   )

(二)填空题

1. 一个系统如果跟外界没有热交换(绝热),要想使它的内能增加 500 J,应该采用的方法是_____.

2. 用活塞压缩汽缸里的气体时,对气体做了 900 J 的功,同时气体向外散热 200 J,因此气体的内能____(填"增加"或"减少")了_____J.

3. 空气压缩机在一次压缩中,活塞对空气做了 $2.0×10^5$ J 的功,同时空气的内能增加 $1.5×10^5$ J,汽缸向(从)外界____(填"吸热"或"放热")_____J.

4. 能量既不能_____,也不能_____,只能从一种形式_____为另一种形式,或者从一个物体_____到另一个物体,而能量的_____保持不变.

5. 说明在下列物理现象中,能量形式之间的转换:

(1) 子弹射穿木块时子弹温度升高:_____能转换为_____能.

(2) 水电站的高速水流冲击水轮发电机组发电:_____能转换为_____能.

(3) 内燃机的做功冲程:_____能转换为_____能.

6. 晶体的物理性质与方向有关,这种性质称为各向_____;非晶体的物理性质与方向无关,称为各向_____.

7. 组成晶体的物质微粒按照一定的规则在空间排列成整齐的行列叫作_____.

8. 液晶是介于_____态和_____态之间的一种状态.液晶一方面像液体具有_____;另一方面又像晶体具有_____的光学性质.

(三) 选择题

1. 下列说法正确的是 [   ]

A. 能量守恒是自然界的基本定律,任何违背该定律的物理过程都不能实现

B. 机械能守恒定律是自然界的普遍规律

C. 在平直的公路上匀速行驶的汽车,尽管发动机不断地消耗能量来对汽车做功,但汽车的动能却一直不增加,说明能量守恒定律并不是普遍适用的

D. 热传递是能量交换的一种方式,由于能量守恒,所以热量也可以从低温物体传向高温物体

2. 玻璃在熔化过程中 [   ]

A. 温度不断上升　　　　B. 要破坏空间点阵结构而消耗能量

C. 内能不变　　　　　　D. 内能减少

7.5　流体的连续性原理

7.6　伯努利方程

一、知识综述

(一) 理想流体

流体内部的摩擦力叫作黏滞力.黏滞力会阻碍流体内各部分的相对滑动,流体的这种性质叫作黏滞性.

第7章 物态 物体的内能

不可压缩、没有黏滞性的流体叫作理想流体. 例如,水、酒精等这些液体的黏滞性很小,就可以近似看作理想流体. 食用油黏滞性不可忽略,它就不能当作理想流体.

(二) 流体的连续性原理

在理想流体的稳定流动中,单位时间内流过同一管道任何截面的流体体积都相等,这就是流体的连续性原理.

单位时间内通过某一截面的流体体积,叫作流体在该截面的流量. 流体的连续性原理还可以说成:在理想流体的稳定流动中,管道的任何截面处流量相等.

(三) 伯努利方程

密度为 ρ 的理想流体在管中稳定流动时,分别考察管中任意两处"1"和"2"的两个小液块(图7.5),两液块的高度、速度和所在处的液体压强分别用 h_1、v_1、p_1 和 h_2、v_2、p_2 表示时,可以证明

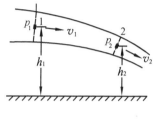

图7.5

$$p_1 + \rho g h_1 + \frac{1}{2}\rho v_1^2 = p_2 + \rho g h_2 + \frac{1}{2}\rho v_2^2.$$

因为"1"和"2"两处是任取的,所以在管中任一处,有

$$p + \rho g h + \frac{1}{2}\rho v^2 = 常量.$$

上式叫作伯努利方程.

伯努利方程的物理意义是什么呢? 因为密度 ρ 是单位体积液体的质量,所以 $\rho g h$ 和 $\frac{1}{2}\rho v^2$ 分别表示的是单位体积内液体的重力势能和动能. 既然这两项的物理意义是机械能,所以跟它们相加的另一项压强 p 也具有能量的意义,p 表示的是单位体积液体具有的压力能,这是流体比固体多有的一种机械能.

因为理想流体没有黏滞性,流体内没有摩擦,流体不会因为内部摩擦生热而损失机械能,所以伯努利方程就是理想流体的机械能转换(重力势能、动能、压力能可以互相转换)与守恒的表达式.

二、例题分析

例1 一根水平放置的粗自来水管直径为 d_1,经过活动接头连接一根直径为 d_2 的较细的自来水管,$d_1:d_2=3:1$. 若粗管中水的流速 v_1 为 8.0 cm/s,求细管中水的流速 v_2.

分析与解答

根据流体的连续性原理,流过粗、细管中的流量相等,设粗、细管截面积分别为 S_1 和 S_2,则 $v_1 S_1 = v_2 S_2$,得到

$$v_2 = \frac{S_1}{S_2}v_1 = \frac{\frac{\pi}{4}d_1^2}{\frac{\pi}{4}d_2^2}v_1 = \left(\frac{d_1}{d_2}\right)^2 v_1 = 9 \times 8.0 \text{ cm/s} = 72 \text{ cm/s}.$$

例2 黄河是一条"天河",黄河的河床比两岸地面高. 黄河两岸的人民是利用虹吸管

使黄河水翻过河堤而流进引水渠中来灌溉农田的(图 7.6).但是水沿虹吸管向上翻过堤坝时,重力势能不断地增加,增加的重力势能从何而来的呢?

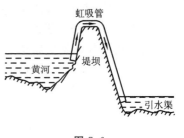

图 7.6

分析与解答

根据伯努利方程,水在管中流动时,它的机械能——动能、重力势能与压力能之和保持不变.其中,在粗细均匀的管中,水的流速不变——动能不变.但是在水面以上的管中,水压强小于大气压,越向上水压强越小——压力能越小.所以水沿虹吸管向上流动时,压力能不断地减小,所减少的压力能转变成了重力势能.

 本章知识结构

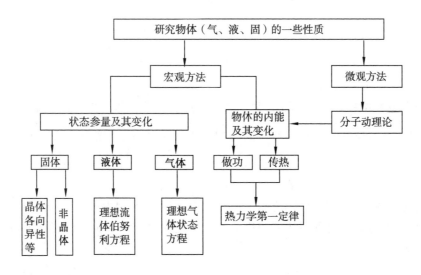

 知识窗

为什么绝对零度不能达到?

随着低温技术的发展,人们一次又一次地向低温世界进军,向越来越低的温度逼近.目前,人们已获得的低温纪录是 10^{-8} K,而且,不断向极低温开拓的探索步伐还在前进.这样就自然引出了一个问题,人们能否达到热力学温标的 0 K,也就是能达到绝对零度吗?

早在几十年前,科学家通过大量实验得出了一个普遍的结论,即绝对零度是不可能达到的,或者说不可能施行有限的过程把一个物体制冷,直至达到绝对零度,这个结论称为热力学第三定律.

热力学第三定律是总结大量实验结果而归纳出的定律,它是普遍适用的.为什么绝对零度不可能达到呢？科学家已证明,绝对零度本来就不是一个实验温度.它是对实际降温过程的一个推论.从理论上讲,这个推理出来的温度是任何物体的低温极限,它表示的物理本质是所有分子停止热运动.从实际上看,人们可以通过种种努力接近绝对零度,但不能达到绝对零度.

本章自测题 A

一、填空题

1. 体积、温度和压强叫作理想气体的_____,它们在国际单位制中的单位分别是_____、_____和_____.

2. 南极是地球上最冷的地方,最低的气温可达 $-89\ ℃$,此温度用热力学温度表示为_____.

3. 物体内部所有分子的热运动_____与分子_____的总和,叫作物体的内能.物体的内能一般与温度和体积有关,而一定质量的理想气体的内能只与_____有关.

4. 当一定质量的气体受热时,温度升高,如果保持它的体积不变,那么气体的压强将_____,该过程是_____过程.

5. 在外界没有对物体做功的情况下,如果物体的内能减少了 500 J,那么它一定_____500 J 的热量;在物体与外界没有热交换的情况下,如果物体的内能减少了 500 J,一定是_____做了 500 J 的功.

二、判断题

1. 一定质量的理想气体做等温膨胀时,它不向外界吸收热量. （　　）
2. 压强不太大、温度不太低的实际气体,可看成是理想气体. （　　）
3. 一定质量的气体在温度保持不变时,气体的压强和体积成正比. （　　）
4. 有些有机化合物除了固、液、气三态外,还有一种特殊的物态——液晶. （　　）

三、选择题

1. 有关温度、热量和内能,下列说法正确的是　　　　　　　　　　　　[　　]
   A. 冷水的内能一定比热水的内能少
   B. 高温物体一定比低温物体含有的热量多
   C. 内能大的物体所含的热量一定较多
   D. 温度不同的物体,它们的内能有可能相同

2. 关于热力学温度,下列说法错误的是　　　　　　　　　　　　　　　[　　]
   A. 热力学温度的零度是 $-273.15\ ℃$
   B. 热力学温度每一度的大小和摄氏温度每一度的大小相等
   C. 绝对零度 $-273.15\ ℃$ 是低温的极限,永远也达不到
   D. 因为 $0\ K = -273.15\ ℃$,所以 $-1\ K = -274.15\ ℃$

3. 一定质量的理想气体压强保持不变,当温度为 $27\ ℃$ 时体积为 V,当温度升高到 $81\ ℃$ 时体积变为 V',则 V' 为　　　　　　　　　　　　　　　　　　　　[　　]

   A. $3V$ 　　　　B. $2V$ 　　　　C. $1.18V$ 　　　　D. $\dfrac{1}{3}V$

4. 晶体之所以有天然的规则形状,是因为　　　　　　　　　　　　[　　]
A. 晶体分子间的距离很小,相互作用力很大
B. 晶体分子间没有空隙,排列很紧
C. 晶体内所有分子的排列是有规则的
D. 晶体表面的分子排列得很整齐

四、计算题

1. 一个充有氦气的电灯泡,在温度为 15 ℃时氦气的压强为 9.9×10^4 Pa. 当点亮后电灯泡内温度升高至 95 ℃,这时灯泡内氦气的压强是多大?

2. 在标准大气压下(温度为 0 ℃、压强为 1.013×10^5 Pa),有一个气泡从水底升到水面,其体积增大一倍,求水深.(设水的温度不变)

3. 要使潜水艇浮起,必须把压缩空气压入充满水的箱中. 如果压缩空气是由温度为 17 ℃、压强为 1.2×10^6 Pa、体积为 20 L 的钢瓶中放出,设水箱在水下 15 m 处,温度为 5.0 ℃,一瓶压缩空气能排出多少水?(水面上的大气压为 1.0×10^5 Pa)

4. 空气压缩机在一次压缩过程中,活塞对空气做了 2.5×10^3 J 的功,空气向外界排出的热量为 5.0×10^2 J,空气的内能变化了多少?是增加还是减少?

本章自测题 B

一、填空题

1. 燃气热水器的铭牌上标有适用水压值为 $2\times10^4\sim10^6$ Pa,相当于_____ atm.

2. 电灯泡内部充有一些氮气,以防止灯丝在高温下大量升华. 若一个电灯泡在 27 ℃ 的室温下,氮的压强为 1.5×10^4 Pa,通电后灯丝温度升高到 1 727 ℃,这时电灯泡内的气压为_____.(设灯泡内的容积不变)

第7章 物态 物体的内能

3. 一定质量的气体在温度不变的情况下,体积由 6 L 被压缩成 2 L,它的压强将从原来的 $1.0×10^5$ Pa 改变成_____ Pa.在这个过程中,气体的内能将_____.(填"增大"、"减小"或"不变")

4. 一定质量的气体在等容过程中从外界吸收 $5.0×10^2$ J 的热量时,它对外界做的功为_____ J,它的内能增加_____ J.

5. 一定质量的气体在等压过程中体积增大了,它的温度将_____(填"升高"、"降低"或"不变"),它的内能将_____.(填"增大"、"减小"或"不变")

6. 试填写下列物理现象中能量的转移和能量形式的转换:
(1) 用弓把箭射出去:_____.
(2) 宇宙飞船重返地球大气层:_____.

二、选择题

1. 在一端开口、一端封闭的玻璃管内,用一小段水银柱封闭了一定质量的空气.将玻璃管按下图(图 7.7)的四种位置安放,管内空气压强最小的是 [   ]

图 7.7

2. 如图 7.8 所示为一根水平放置的变截面水管,当水在管中流动时,流量用 Q 表示,动能用 E_k 表示,压强用 p 表示.比较图中的 A、B 两点,根据伯努利方程,下列关系中正确的是

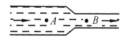

图 7.8

[   ]

A. $Q_A = Q_B, E_{kA} = E_{kB}, p_A = p_B$ B. $Q_A > Q_B, E_{kA} > E_{kB}, p_A > p_B$
C. $Q_A = Q_B, E_{kA} < E_{kB}, p_A > p_B$ D. $Q_A < Q_B, E_{kA} < E_{kB}, p_A < p_B$

三、计算与思考题

1. 一端封闭、粗细均匀的玻璃管开口端插入水银中,使管内封闭一定质量的空气,如图 7.9 所示.已知大气压强 $p_0 = 76$ cmHg,管内空气柱长度 $h_1 = 19$ cm,管内水银面离水银槽内水银面的高度 $h_2 = 4.0$ cm.试计算再将玻璃管向下插多少,才能使管内水银面跟水银槽内的水银面相平.(整个过程中温度不变)

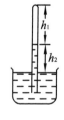

图 7.9

*2. 容积为 20 L 的钢瓶内充有压强为 30 atm 的气体,现要将其分装到若干个容积为 5.0 L 的真空小瓶中,并要求小瓶中被分装的气体压强均为 2.0 atm. 在温度不变且不漏气的情况下,能装多少个小瓶?

(提示:设想把这个 20 L 的钢瓶跟另一个原来真空的钢瓶连通,使气体等温膨胀后压强从 30 atm 降为 2.0 atm,计算出这两个钢瓶的总容积,然后再按 5.0 L 划分.)

3. 给自行车胎打气,可以认为温度保持不变,但轮胎内气体的压强和体积同时增大,这与等温过程中压强跟体积成反比的变化规律是否矛盾?

自我总结归纳

本章重点:

本章难点:

易错题集:

加强方向:

心得体会:

期末测试题A

一、判断题

1. 凹透镜只能成正立的、缩小的虚像. ( )
2. 两个力的合力一定大于其中的任一分力. ( )
3. 自由落体运动是初速度为零的匀加速直线运动. ( )
4. 弹簧测力计和天平都是用来测定物体质量的. ( )
5. 运动着的物体受到的合外力一定不等于零. ( )
6. 功是标量. ( )
7. 合外力对物体做正功,物体的动能一定增大. ( )
8. 物体做匀速圆周运动时,线速度不变. ( )
9. 单摆的周期与摆长、振幅、质量有关. ( )
10. 做功和热传递都可以改变物体的内能. ( )

二、选择题

1. 一支蜡烛离凸透镜24 cm,在离凸透镜12 cm的另一侧的屏上得到了清晰的像,下列说法正确的是 [ ]
   A. 像倒立,放大率 $k=2$
   B. 像正立,放大率 $k=0.5$
   C. 像正立,放大率 $k=2$
   D. 像倒立,放大率 $k=0.5$

2. 几个共点力作用在同一物体上,使它处于平衡.若其中一个力 F 停止作用,则物体将 [ ]
   A. 改变运动状态,合力方向与 F 相同
   B. 改变运动状态,合力方向与 F 相反
   C. 改变运动状态,合力方向无法确定
   D. 运动状态不变

3. 一辆汽车以 10 m/s 的速度沿平直公路运动,因遇障碍物而立即刹车,以 0.2 m/s^2 的加速度做匀减速运动,则刹车后一分钟内汽车的位移大小为 [ ]
   A. 240 m   B. 250 m   C. 360 m   D. 960 m

4. 下列不是利用作用力和反作用力的关系使物体获得动力的是 [ ]
   A. 喷气式飞机的飞行   B. 在水中划船前进
   C. 人走路前进   D. 人造卫星在太空中做环绕地球的飞行

5. 下列物理量都是矢量的是 [ ]
   A. 位移、质量   B. 功、力   C. 速度、加速度   D. 时间、力矩

6. 甲物体质量为 m,速度为 v;乙物体质量为 $\dfrac{m}{2}$,而动能是甲物体动能的4倍.则乙物体速度是甲物体速度的 [ ]
   A. $2\sqrt{2}$ 倍   B. 2 倍   C. $\dfrac{1}{2}$ 倍   D. $\dfrac{1}{4}$ 倍

7. 一个周期为 T 的单摆，摆长为 L，摆球质量为 m，当把摆长改为 $2L$、摆球质量改为 $\frac{m}{2}$ 时，它的周期变为   [   ]

   A. T B. $2T$ C. $\sqrt{2}T$ D. $\frac{T}{2}$

8. 匀速圆周运动属于   [   ]
   A. 变速运动   B. 匀变速运动   C. 惯性运动   D. 匀速运动

9. 一定质量的理想气体，压强不变，体积减为原来的一半时，其温度由 27 ℃ 变为   [   ]

   A. 15 ℃   B. −123 ℃   C. 13.5 ℃   D. −13.5 ℃

10. 一定质量的理想气体，内能保持不变的过程是   [   ]
    A. 等容过程   B. 等压过程   C. 绝热过程   D. 等温过程

三、填空题

1. 水的折射率为 $\frac{4}{3}$，则光在水中的传播速度为_____；光在某种玻璃中的速度为 2.0×10^8 m/s，此玻璃的折射率为_____。

2. 一个重为 700 N 的物体在倾角为 30° 的斜面上处于静止状态，它受到斜面的支持力大小为_____ N，静摩擦力大小为_____ N。

3. 物体由静止开始做匀加速直线运动，第 1 s 内平均速度为 2 m/s，则该物体第 1 s 末的速度为_____，第 1 s 内的位移为_____。

4. 一架水平航行的飞机投下一炸弹，在飞行员看来炸弹做_____运动，在地面上的人看来炸弹做_____运动。(不计空气阻力)

5. 一个物体放在光滑水平面上，用 5 N 的力沿水平方向拉这个物体，物体的加速度为 2 m/s²，则该物体的质量为_____，若拉力增大为 10 N，加速度大小将变为_____。

6. 一质量为 5 kg 的物体从静止开始自由落下，当下落 4 m 时，重力做的功为_____，物体的动能为_____。(g 取 10 m/s²)

7. 半径为 10 cm 的砂轮，它的转速为 300 r/min，砂轮旋转的角速度为_____，砂轮边缘上的线速度为_____。

8. 一质量为 2.0 kg 的物体在半径为 2.0 m 的圆周上以 4.0 m/s 的速度运动，则所需的向心力为_____，向心加速度为_____。

9. 某一弹簧振子在 5 s 内完成 10 次全振动，则弹簧振子振动的周期为_____，频率为_____。

10. 一定质量的理想气体在等温压缩过程中向外放出 1.5×10^8 J 的热量，外界对它做的功为_____，它的内能改变量为_____。

四、计算题

1. 一个由静止做匀加速直线运动的物体，在前 3 s 内的位移为 9 m，求物体前 2 s 内的位移。

2. 质量为 10 kg 的物体,沿倾角为 30°的斜面从静止开始匀加速下滑,物体和斜面间的动摩擦因数为 0.25,在 2.0 s 内物体从斜面顶端下滑到底端,求斜面的长度.(g 取 10 m/s²)

3. 在距离地面 20 m 高处,某人以 10 m/s 的速度抛出一质量为 1.0 kg 的球,落地时球的速度大小为 22 m/s.问球在飞行过程中克服阻力做了多少功?(g 取 10 m/s²,不计空气阻力)

4. 质量为 18 kg 的小孩坐在秋千板上,秋千的绳长 2 m,当他经过最低点的速度为 4 m/s 时,求秋千板受到的压力.

期末测试题B

一、判断题

1. 光在不同介质中的传播速度相同. ( )
2. 相互接触的物体之间一定有弹力作用. ( )
3. 平抛运动是匀变速运动. ( )
4. 把书放在桌面上,书受的重力就是书对桌面的压力. ( )
5. 同一物体受到的合力越大,它的速度变化越大. ( )
6. 功有正功和负功之分,因而功也是矢量. ( )
7. 在只有重力做功的情形下,物体总的机械能守恒. ( )
8. 向心力可以来源于重力、弹力、摩擦力或者它们的合力. ( )
9. 单位时间内完成周期性运动的次数叫作频率. ( )
10. 在一定的压强下晶体有一定的熔化温度,即熔点. ( )

二、选择题

1. 一束光线以 60°入射角从空气射到一块玻璃板上,光线的一部分折射,一部分反射,这两部分光线之间的夹角为 90°,此玻璃的折射率为 [ ]
   A. 1.41　　B. 1.50　　C. 1.65　　D. 1.73

2. 在倾角为 30°的斜面上有一物体匀速下滑,物体重 10 N,物体受到的滑动摩擦力的大小为 [ ]
   A. 5.0 N　　B. $5\sqrt{3}$ N　　C. $\sqrt{3}$ N　　D. 10 N

3. 电动扶梯用 1.0 min 可以把一个静止在扶梯上的人送到楼上.若扶梯不动,人沿

着扶梯走上楼需要 3.0 min. 则人沿着开动的扶梯上楼所用的时间为 [ ]

A. 4.0 min B. 2.0 min C. 0.75 min D. 0.50 min

4. 工人推着车子前进时,下列说法正确的是 [ ]

A. 人推车的力跟车推人的力是一对平衡力
B. 人推车的力跟车推人的力大小相等
C. 人推车的力就是车推人的力
D. 人推车的力大于车推人的力

5. 物体在力 F 的作用下产生加速度 a,关于 a 与 F 两者之间的关系,下列说法正确的是 [ ]

A. 只有在匀加速直线运动中,a 跟 F 同方向
B. 在匀减速直线运动中,a 跟 F 反方向
C. 无论在何种变速运动中,a 总跟 F 同方向
D. 以上说法都正确

6. 若物体在运动中重力对它做 10 J 的功,则物体的 [ ]

A. 重力势能减少 10 J B. 克服重力做了 10 J 的功
C. 重力势能增加 10 J D. 动能增加 10 J

7. 做简谐运动的弹簧振子,当振子达到平衡位置时 [ ]

A. 动能最大,弹性势能最大 B. 速度最大,加速度为零
C. 速度最大,加速度最大 D. 回复力最大,位移为零

8. 在匀速圆周运动中,下列物理量中保持不变的是 [ ]

A. 线速度 B. 向心加速度 C. 角速度 D. 向心力

9. 体积不变的封闭容器中装有某种气体,气体状态可能的变化情况是 [ ]

A. 温度改变,压强不变 B. 温度不变,压强改变
C. 温度和压强同时改变 D. 温度、压强和密度同时改变

10. 密封在氧气瓶中的氧气向外散热 4.18×10^3 J,其内能 [ ]

A. 增加 4.18×10^3 J B. 减少 4.18×10^3 J
C. 增加 0.24×10^3 J D. 减少 0.24×10^3 J

三、填空题

1. 一束平行光线经过透镜后,折射光线的反向延长线经过入射侧的焦点,该焦点为_____,这一透镜为_____透镜.

2. 一个重为 100 N 的物体,放在倾角为 37°的斜面上,那么使物体沿斜面下滑的分力 $F_1 =$ _____,垂直于斜面并使物体压紧斜面的分力 $F_2 =$ _____.

3. 一个做自由落体运动的物体,它在空中运动的时间为 2 s,则落地的速度为_____,该物体是从_____高处下落的.

4. 在匀速行驶的列车里的水平桌面上放着一个小球,当小球突然向前运动,则列车在_____,如小球突然向后运动,则列车在_____.

5. 水平桌面上有质量为 2 kg 的物体,受到 4 N 的水平力作用,产生 1.5 m/s² 的加速度,物体受到的摩擦力大小为_____.

6. 质量为 60 kg 的人用 30 min 时间登上 120 m 高的电视塔顶,他克服重力做功_____,他的平均功率为_____.(g 取 10 m/s²)

7. 物体做匀速圆周运动,圆的半径为 1 m,每分钟转 120 周,它的频率 $f=$_____,角速度 $\omega=$_____,线速度 $v=$_____,向心加速度 $a=$_____.

8. 一弹簧振子其小球在平衡位置 O 左右各 5 cm 范围内振动,则它的振幅为____ cm,如果在 5 s 内振动 10 次,小球的振动周期为_____,频率为_____.

9. 汽缸内装有一定质量的理想气体,在状态变化过程中,气体放热 20 J,外界对它做功 30 J,则气体内能_____(填"增加"或"减少")了_____.

四、计算题

1. 质量为 1.0 kg 的手榴弹以 40 m/s 的速度在空中飞行,突然炸成两块,质量为 400 g 的一块沿原方向飞行,速度为 175 m/s,求另一块的飞行速度.(忽略手榴弹爆炸时的重力影响和炸药质量)

2. 从静止开始做匀加速直线运动的物体,在第 3 s 内前进 5 m.求物体在第 2 s 内的平均速度.

3. 在水平面上一质量为 3 kg 的物体,在水平拉力 F_1 为 1 N 的作用下以 2 m/s 的速度做匀速直线运动,2 s 后将拉力变为 F_2 为 4 N,且持续作用 5 s,用动能定理求物体的最大动能.

4. 质量为 2 kg 的物体放在光滑水平面上,在水平恒力作用下由静止开始运动,在 10 s 末得到 100 J 的动能,求该力的大小.

5. 汽车的质量为 800 kg,驶过一半径为 50 m 拱桥的顶端,速度为 5 m/s,求此时汽车对桥的压力.(g 取 10 m/s²)

参 考 答 案

第1章 光的折射

1.1

（一）判断题

1. √ 2. × 3. √ 4. × 5. ×

（二）填空题

1. 底 2. 2.04×10^8 m/s 3. 2.0×10^8

（三）作图题

侧向平移的距离随 α 的增大而增大

（四）选择题

1. A 2. C 3. C 4. C

1.2

（一）判断题

1. √ 2. × 3. × 4. √ 5. √ 6. √

（二）填空题

1. 90° 2. ① 光从密介质射向疏介质；② 入射角等于或大于临界角 3. n_1, n_2 4. 钻石，玻璃，其原因参见课本第22页《阅读材料》中的"钻石与玻璃"

（三）作图题

1.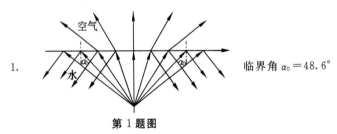

临界角 $\alpha_0 = 48.6°$

第1题图

2.

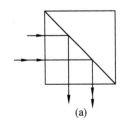

(a)

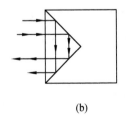

(b)

第2题图

参考答案

（四）选择题

1. B　2. C　3. B　4. C　5. B　6. A

（五）计算题

乙向甲，60°.

1.3

（一）判断题

1. ×　2. ✓　3. ×　4. ✓　5. ✓　6. ×

（二）填空题

1. 凸透镜成虚像时，像距比物距长，它是放大的像.凹透镜成虚像时，像距比物距短，它是缩小的像

2. c　3. $f \leqslant p' \leqslant 2f$，远离光心，<

（三）作图题

1.

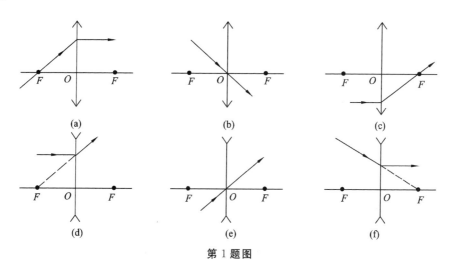

第1题图

2. 由于 $A'B'$ 是倒立的像，所以该透镜是凸透镜.再按以下步骤思考和画图：① 连接物点 A 和像点 A'，这是一条通过光心的光线，由此确定了凸透镜的位置 O；② 根据成像原理，从 A 向凸透镜发出的所有光线都应会聚于 A'.所以任意光线 AC 经凸透镜折射后应通过 A'，沿 CA' 方向传播

（四）选择题

1. C　2. D

第2题图

1.4　1.5

（一）填空题

1. 同一物体在距眼睛近处时的视角大于距眼睛远处时的视角　2. 25,25　3. 超薄镜片的折射率大于普通镜片的折射率　4. p 和 f，p'　5. 同侧，虚像；p，p' 和 f　6. L_2，L_1；L_1，L_2

7. 凸，小，明视距离，虚

(二) 计算题

1. $f=60$ cm   2. 约 9 m   3. 凸透镜 $f=15$ cm(提示：本题是凸透镜成虚像,像距为负值.)

本章自测题 A

一、填空题

1. 均匀,传播方向   2. 甲,乙,45°   3. 90°,180°   4. $\dfrac{3}{2}$ 5. 增大,48.6°   6. 3∶4
7. 同,虚,p 和 f,p' 8. 4

二、判断题

1. ×   2. ×   3. ✓   4. ×   5. ×   6. ✓   7. ×   8. ×
9. ×   10. ✓

三、选择题

1. C   2. A   3. D   4. B   5. C   6. D   7. A   8. B

四、计算题

1. 1.22,2.45 m/s   2. 4.56 m,9.12 m   3. 45°   4. 7.1 cm,3.5 倍

5. 由放大率公式 $k=\dfrac{A'B'}{AB}=\dfrac{12}{3}=4$,因为生成的是放大的像,所以该透镜为凸透镜.

由于凸透镜既能生成倒立、放大的实像,又能生成正立、放大的虚像,所以分两种情况讨论.
若物像居于透镜同侧,生成放大的虚像,则像距为负,根据透镜成像公式

$$\dfrac{1}{p}+\dfrac{1}{p'}=\dfrac{1}{f},$$

得

$$\dfrac{1}{p}-\dfrac{1}{4p}=\dfrac{1}{f},$$

即

$$\dfrac{3}{4p}=\dfrac{1}{f},\ f=20\text{ cm}.$$

若物像分居在透镜两侧,生成放大的实像,则像距为正,根据透镜成像公式

$$\dfrac{1}{p}+\dfrac{1}{p'}=\dfrac{1}{f},$$

得

$$\dfrac{1}{p}+\dfrac{1}{4p}=\dfrac{1}{f},$$

即

$$\dfrac{5}{4p}=\dfrac{1}{f},\ f=12\text{ cm}.$$

本章自测题 B

一、判断题

1. ✓   2. ×   3. ✓   4. ×   5. ×   6. ✓   7. ×   8. ×

二、填空题

1. 1.41   2. 增大,41.1°   3. 像与物分居在透镜的两侧、像是倒立的、像与物的大小相等或比物小   4. 小于,大于   5. 缩回   *6. 增大视角,明视距离

三、作图题

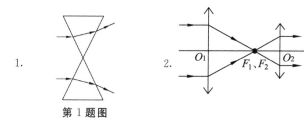

1.　　　　　　　2.

第1题图　　　　　　　　　　第2题图

四、计算与思考题

1. 提示：运用相似三角形对应边之比解得，凹透镜焦距为 5.33 cm，凸透镜焦距为 13.33 cm　　2. 选用焦距为 16 cm 的凸透镜，凸透镜应放在距光屏 80 cm 处　　3. 因为像与物在透镜同侧，且像距长度小于物距，所以是缩小的虚像，本题为凹透镜成像. 焦距长度为 60 cm

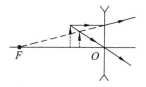

第3题图

4. 光屏的移动方向应跟透镜的移动方向相反，移动 2 cm. 因为物距增大而像距减小，所以像比原来小了　　5. 略

第2章　力

2.1　2.2　2.3　2.4

（一）判断题

1. ×　2. ×　3. ✓　4. ×　5. ✓　6. ×　7. ✓　8. ×　9. ✓　10. ×

（二）填空题

1. 改变物体的形状，改变物体的运动状态　　2. 力的大小、方向和作用点　　3. 588 N，地球　　4. 2 000，2 000　　5. 0.5　　6. 196，39.2　　7. 40　　8. 40，向右

（三）选择题

1. C　2. C　3. A　4. C　5. C　*6. A（提示：静摩擦跟瓶的重力是一对平衡力，由于瓶的重力不变，所以静摩擦力不变.）　7. A　8. D　9. C

2.5

（一）判断题

1. ×　2. ×　3. ×　4. ×　5. ×

（二）填空题

1. 18 N，2 N　　2. 小　　3. 120°　　4. 300　　5. 433，250　　*6. $\dfrac{\sqrt{3}}{3}$

（三）选择题

1. B　2. C　3. B　4. C　5. C　6. C　*7. C

2.6　2.7　2.8

（一）判断题

1. ×　2. ×　3. ×　4. ✓

(二)选择题

1. A 2. C 3. D 4. C 5. D 6. C 7. B

(三)计算题

1. 使船前进的动力为 $F_x=F\cos 30°$,动轴 1.95 m 的地方,$M=1.95$ N·m 2. 汽车受到的拉力 $F_1 \approx 2\,000$ N 3. 不能平衡.在离转 4. 力 F 跟 AC 垂直时能获得最大的力臂,最大力矩 $M=10$ N·m

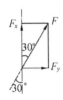

第 1 题图

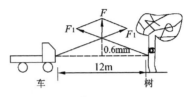

第 2 题图

本章自测题 A

一、填空题

1. 0~20,2 N,19.6 N,0.4 2. 2 N 3. 10 N 4. F_1 的大小,F_1 的反方向 5. G,保持不变 6. 3.46 N·m

二、选择题

1. D 2. C 3. B 4. B 5. C 6. A

三、计算题

1. 400 N,方向垂直于斜面向下;300 N,方向沿斜面向上 2. 力的分解图略,$F_1=86.6$ N,$F_2=173.2$ N 3. 329 N

本章自测题 B

一、判断题

1. √ 2. × 3. √ 4. × 5. √ 6. √ 7. × 8. ×

二、选择题

1. C 2. C 3. C 4. C 5. D 6. B(提示:① 拉力 $T=\sqrt{G^2+F^2}$ 随 F 增大而增大;② F 与 T 的合力应跟 G 平衡,因 G 的大小不变,所以 F 与 T 的合力大小不变.)

三、计算与思考题

1. 因为图 2.29 中 $T=\sqrt{G^2+F^2}>F$,故以 $T=1\,200$ N 为计算依据,求得 $\theta=33°$ *2. 提示:将 F 沿 F_1 和 F_2 两个方向分解

3. 列出两次力矩平衡方程式:

$$m_1 g \times l_1 = mg \times l_2$$

$$mg \times l_1 = m_2 g \times l_2$$

两式相除,得 $m=\sqrt{m_1 m_2}$

4. 略

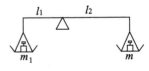

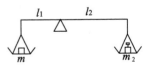

第 3 题图

参考答案

第3章 匀变速运动

3.1 3.2

(一) 判断题

1. √ 2. × 3. × 4. √ 5. × 6. √ 7. √ 8. × 9. √ 10. ×

(二) 填空题

1. 94.2 cm,0 2. 船的航速大于江水的流速,以船为参照物,江水向西运动 3. 方向不变的直线 4. 0.2 m,向下,1.8 m 5. 0,$2\pi R$,$2R$ 6. 2.0 s,0 7. 9.8 m/s,19.6 m/s,24.5 m/s,14.7 m/s

(三) 选择题

1. D 2. C 3. D 4. C 5. C 6. A 7. B 8. A 9. D 10. A

3.3

(一) 判断题

1. √ 2. × 3. × 4. × 5. √ 6. × 7. √ 8. √ 9. √ 10. √

(二) 填空题

1. 位移、速度、加速度、力、压强 2. $a=\dfrac{v_t-v_0}{t}$,v_0方向相反 3. 向上,向上,向下,向上,向下,向下,向下 4. 1.2 m/s²,跟速度方向相反 5. 加速度方向与初速度方向相同,加速度方向与初速度方向相反

(三) 选择题

1. D 2. B 3. D 4. D *5. C 6. C 7. B 8. B 9. D 10. C

3.4

(一) 填空题

1. 10 m/s²,20 m,20 m/s,15 m 2. 20,16.67 3. 45 4. 1.0,3.0,0.5,16 5. 80,5.0 6. 200,向西 *7. 2.0(提示:设第1 s初的速度为v_0,列出两个位移方程,即$1.2=v_0\times1+\dfrac{1}{2}a\times1^2$和$4.4=v_0\times2+\dfrac{1}{2}a\times2^2$,从中消去$v_0$,求出$a$.)

(二) 选择题

1. D 2. C 3. B *4. A(提示:$\dfrac{1}{2}a\cdot9^2-\dfrac{1}{2}a\cdot5^2=2.1\times4$) 5. A 6. C 7. A 8. C 9. B 10. A

(三) 计算与思考题

1. 按照题中给出的数据,求出汽车行驶的距离为42.3 m<45 m,即汽车尚未越过停车线,交通灯已经由绿变红.这个只顾加速行驶的司机必定违章闯红灯 2. 初速度$v_0=38.8$ m/s *3. 行驶路程$s=378$ m

3.5　3.6

（一）判断题

1. ✗　2. ✗　3. ✗　4. ✓　5. ✗　6. ✗

（二）填空题

1. 1 s,9.8 m/s　2. 0,9.8 m/s,19.6 m/s　3. 4.9,14.7,19.6　4. 1∶3∶5　5. 1∶($\sqrt{2}$−1)
6. 自由落体,平抛　7. 19.6 m,2.5 m/s　8. g,匀速,自由落体　9. 5.3　10. 2 400

（三）选择题

1. B　2. B　3. B　*4. D　5. B　6. C　7. A　8. B　9. D　10. B

（四）计算与思考题

1. 不超过 1.6 s　2. 300 m/s

本章自测题 A

一、判断题

1. ✓　2. ✓　3. ✗　4. ✓

二、填空题

1. 速度,加速度,匀变速　2. 6∶5,9∶5　3. 初速度为零的匀加速直线,匀速直线,20 s,40 s
4. −5 m/s,10 m　5. 80 m

三、选择题

1. A　2. D　3. A　4. A　5. D

四、计算与思考题

1. 15 m/s　2. 0.2 m/s²,312.5 m　3. 325 m,21.7 m/s,25 m/s　4. 不能,7.06 cm
5. 80 m

本章自测题 B

一、填空题

1. 22.5 s　2. $v_t{}^2 = v_0{}^2 + 2as$(二次函数)　3. 5×10^{11}　4. 4,2　5. 622.2　6. 50,18

7. 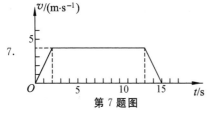　8. 16 s（坐标为 18 s）,320　9. $\dfrac{v_1+v_2}{2}$, $\dfrac{s}{t}$

第7题图

$\left(\text{或}\dfrac{v_1+v_2}{2}\right),\sqrt{\dfrac{v_1{}^2+v_2{}^2}{2}}$

二、选择题

1. B　*2. C　*3. C

三、计算与思考题

1. 全程平均速度 $\bar{v}=1.2v$　2. 汽车已滑行 6.25 m>6.0 m,不达标　3. 水滴下落可看成做自由落体运动.用直尺测量水龙头与容器底的竖直距离 h,再用秒表测出几滴水下落 h 高度的平均时间 t,

即可由式 $g=\dfrac{2h}{t^2}$ 得出重力加速度   4. 最小安全距离 s 包括反应时间内匀速行驶的距离 $s_1=16.7$ m 和刹车后行驶的距离 $s_2=138.6$ m. 所以 $s=s_1+s_2=155.3$ m   5. $a\approx24.3$ m/s²   6. 略

第4章 牛顿运动定律 动量守恒定律

4.1 4.2

(一) 判断题

1. ✕   2. ✕   3. ✓   4. ✕   5. ✓   6. ✓   7. ✕   8. ✕   9. ✕

(二) 填空题

1. 静止,匀速直线运动   2. 加速,桌面对水杯作用的静摩擦力克服了水杯向后运动的趋势   3. 20 N,摩擦,20   4. 大小相等、方向相反、作用在同一直线上;作用力与反作用力分别作用在两个物体上,而平衡力作用在同一物体上   5. 平衡力,你对地球的吸引力   6. =,<

(三) 选择题

1. B   2. D   3. C   4. A   5. C   6. B

4.3

(一) 判断题

1. ✓   2. ✓   3. ✕

(二) 填空题

1. 1 N   2. 物体质量   3. 2 kg,4 m/s²   4. 向西,6 N   5. 平衡,匀变速,非匀变速   6. 0.4 m/s²,510 N

(三) 选择题

1. A   2. D   *3. D   4. A

(四) 计算题

1. $a=2.0$ m/s²   2. 不打开降落伞时空气阻力为 17.34 N,打开降落伞后空气阻力为 850 N   3. 三种状况下钢绳中拉力大小分别为 8 200 N、6 400 N 和 4 600 N

4.4

(一) 填空题

1. 101   2. 1,约 1.26   3. 4 m,4 m   4. 约 10³   5. 12 m/s²,88 N   6. 1.0   7. 3.15   8. 加速,减速,匀速

(二) 选择题

1. D   2. D   3. A   4. D

(三) 计算题

1. 牵引力 $F=2.5\times10^5$ N   2. $m_2=3\,484.6$ kg   3. 加速度 $a=2.84$ m/s²,斜面长 $s=5.68$ m

4.5 4.6

(一) 填空题

1. 2 N·s,向东   2. 1.5   3. 15,16,子弹的动量大   4. 18.9,1 890   5. 系统不受外力或

外力的合力为零　6. 不可能　7. <　8. 零,相等,相反,零,<

(二) 选择题

1. D　2. D　3. B　4. D　5. A　6. C　7. B

本章自测题 A

一、判断题

1. ×　2. √　3. ×　4. ×　5. √

二、填空题

1. 匀加速直线,5,小,大,0,匀速直线　2. m,kg,s　3. 2.5,竖直向下　4. 1.5 kg　5. 减小,增大,减小,减小　6. 120 N·s,30 N,初速度反方向,100 kg·m/s,−20 kg·m/s

三、选择题

1. A　2. C　3. D　4. C　5. C

四、计算题

1. $a=0.88$ m/s²　2. 18.8 m　3. 2.8 m/s　4. $4.98×10^4$ N

本章自测题 B

一、判断题

1. √　2. ×　3. ×　4. √　5. ×　6. √　7. ×　8. √　9. ×　10. √

二、填空题

1. 将其中一个半球固定住(例如,拴在大树干上),用8匹马拉另一个半球　2. 重力、斜面的支持力和沿斜面向上的静摩擦力　3. $a, F_合$　4. 1.6　5. $m\dfrac{v_t-v_0}{t}$　6. $\sqrt{v_0^2+2\dfrac{F}{m}s}$　7. 1 050　8. 560,84 000

三、选择题

1. B　2. C　3. B　4. C

四、计算与思考题

1. $a≈3.1$ m/s², $t=25.4$ s　2. 下滑加速度 $a=1.5$ m/s². 单人下滑时间 2.3 s,200 人共需 $t=460$ s　*3. $t=4.96$ s　4. 略　5. 略

第 5 章　功和能

5.1　5.2

(一) 判断题

1. ×　2. √　3. ×　4. √　5. ×　6. √　7. ×　8. ×

(二) 填空题

1. 作用在物体上的力,物体在力的方向上的位移,J　2. 20　3. 300,−300　4. 物体克服阻力做了 50 J 的功　5. 快慢,W

(三) 选择题

1. C　2. A　3. C　4. B　5. D

(四)计算题

1. 功 $W=3.6×10^4$ J,功率 $P=60$ W　　2. (1) 54 J;(2) 18W;(3) 瞬时功率 36 W

5.3

(一)判断题

1. ×　2. √　3. √　4. ×　5. √　6. √　7. ×　8. √

(二)填空题

1. 125∶2　2. 10,100　3. $3.375×10^{20}$,$3.97×10^3$　4. $-2.7×10^4$,1 500　5. 4∶1,2∶1
6. mgh　7. Fs　8. $\frac{1}{2}$

(三)计算题

1. (1) 推力 $F=1.125×10^3$ N;(2) 功 $W=900$ J,功率 $P=7.5×10^5$ W　　2. 击穿第2块木板后,速度减小为 100 m/s.不能击穿第3块木板　　3. 动能 $E_k=81$ J,速度 $v=9$ m/s

5.4　5.5

(一)判断题

1. √　2. √　3. ×　4. √　5. √

(二)填空题

1. 重力,重力势,动　2. 400,400　3. 动能,重力势能,弹性势能　4. 100,100,重力势,动,守恒　5. 7 500　6. 2　7. 3.1　8. (1) 因为空气阻力做负功,所以机械能不守恒(因为动能不变,所以损失的重力势能全部用于克服空气阻力做功);(2) 因为只有重力做功,所以机械能守恒;(3) 小球受到重力、支持力和绳的拉力,这三个力都不做功,所以小球机械能守恒(动能也不变);(4) 因为绳的拉力不做功,只有重力做功,所以机械能守恒;(5) 因为支持力不做功,只有重力做功,所以机械能守恒;(6) 因为有拉力做功,所以机械能不守恒(本题中的拉力做正功,物体的机械能要增加);(7) 小球受到重力、支持力和弹力,其中重力和支持力不做功,弹力做功,机械能守恒

(三)选择题

1. D　2. B　3. C　4. D

(四)计算题

1. (1) 以 25.2 km/h 的速度能冲上的最大高度是 2.5 m,故列车能冲到坡上;(2) 冲到坡上时的车速 $v=3.13$ m/s　　2. 击中甲板时的速度 $v=252$ m/s

本章自测题 A

一、填空题

1. 40 J　2. 20　3. $\frac{v_0^2}{2g}$　4. 0.2,0,−0.2,0　5. 12,36,36　6. $mgL\sinθ$,0,$-mgL\sinθ$

二、选择题

1. D　2. B　3. D　4. A　5. C　6. D　7. A

三、计算题

1. 400 J,200 W,400 W　　2. $2×10^3$ N,566 m/s　　3. (1) $3.5×10^6$ J;(2) $7×10^4$ W
4. −125 J,6.25 N

本章自测题 B

一、判断题

1. ✗ 2. ✗ 3. ✓ 4. ✓ 5. ✗ 6. ✓ 7. ✓

二、填空题

1. 2 500 2. 1.5×10^5,-7.5×10^4,7.5×10^4 3. $0\leqslant\theta<90°$,$90°<\theta\leqslant180°$ 4. < 5. 100
6. 机械,重力势,动

三、选择题

1. A 2. C 3. B 4. C

四、计算与思考题

1. (1) 平均功率 $P=2\times10^4$ W;(2) 最大速度 $v_m=20$ m/s 2. 卫星在运动过程中机械能守恒. 它在从远地点向近地点运动时重力做正功,重力势能减小,动能增大,因此到达近地点时速度最大
3. 滑行距离 $l=10$ m 4. 略

第6章 周期运动

6.1 6.2

（一）填空题

1. 周期,频率 2. 60,3 600,43 200,时针 3. 转速,r/s 4. 圆的切线方向 5. $v=29.7$
6. 31.4 7. 10 8. 3

（二）选择题

1. B 2. C 3. C

（三）计算题

1. $n=1\,000$ r/min 2. $v=15.7$ m/s

6.3 6.4 6.5

（一）判断题

1. ✗ 2. ✓ 3. ✗ 4. ✓ 5. ✗ *6. ✓

（二）填空题

1. 质点必须始终受到 $F=m\dfrac{v^2}{r}$ 的向心力 2. 质点线速度方向不断变化 3. 24 4. 200
5. <,> 6. 3.6×10^{22}

（三）选择题

1. B 2. C 3. D 4. A 5. B 6. D 7. D 8. D

6.6 6.7 6.8

（一）填空题

1. 物体在跟位移大小成正比、并且方向总是指向平衡位置的回复力作用下的振动,弹簧振子、单摆的振动 2. 最大,为零,为零,最大 3. 40 4. 0.5 Hz,4 s 5. 4∶1,1∶16 6. 2.2,9.787
7. 驱动力的频率跟受迫振动物体的固有频率相等,最大 8. 20

(二) 选择题

1. A 2. A 3. B 4. D 5. D 6. C 7. D

(三) 计算题

1. (1) 振幅 $A=20$ cm, 周期 $T=4$ s, 频率 $f=0.25$ Hz; (2) 在 O 处   2. 车速 $v=8$ m/s

本章自测题 A

一、填空题

1. 3.14 m/s, 6.28 rad/s, 1.97 N   2. $\frac{4\pi^2 r^3}{GT^2}$, 1.96×10³⁰   3. 0.03   4. 0.2 s, 5 Hz, 2 cm

5. 1∶1

二、选择题

1. A 2. C 3. C 4. C

三、计算题

1. 172 r/min   2. 3.16 m/s, 45 N   3. 8 550 N   4. 会发生事故

本章自测题 B

一、填空题

1. $P=mg-m\dfrac{v^2}{R}$, $\sqrt{gR}$ 2. 0   3. 大小成正比、方向相反、非匀变速   4. 5.0, 2.0

二、选择题

1. B 2. D 3. C

三、计算题

1. (1) $T=\dfrac{G}{\cos\theta}=\dfrac{mg}{\cos 30°}=\dfrac{0.2\times 9.8\ \text{N}}{\dfrac{\sqrt{3}}{2}}\approx 2.26$ N; (2) $\omega\approx 3.4$ rad/s   2. (1) $T_1=0.5$ s; (2) $T_2=$ 1.2 s   *3. $v=14$ m/s

第7章 物态 物体的内能

7.1 7.2

(一) 判断题

1. √ 2. × 3. √ 4. √ 5. √ *6. ×

(二) 填空题

1. 分子, 无规则, 作用力   2. 76, 10⁵, 10   3. 310, −268.8   4. 15   5. 136.5   6. 10.9

(三) 选择题

1. C 2. C 3. C 4. C *5. A

(四) 计算题

1. $V=8.06$ m³   2. $V=8.0$ L, $t=327$ ℃

7.3 7.4

(一) 判断题

1. × 2. √ 3. √ 4. √ 5. × 6. √ 7. √ 8. ×

(二) 填空题

1. 使外界向系统做500 J的功 2. 增加,700 3. 放热,$5×10^4$ 4. 创生,消失,转化,转移,总和 5.(1)机械,内；(2)机械,电；(3)内,机械 6. 异性,同性 7. 空间点阵 8. 固,液,流动性,各向异性

(三) 选择题

1. A 2. A

本章自测题 A

一、填空题

1. 状态参量,m^3,K,Pa 2. 184 K 3. 动能,势能,温度 4. 增大,等容 5. 向外界放出了,物体对外界

二、判断题

1. × 2. √ 3. × 4. √

三、选择题

1. D 2. D 3. C 4. C

四、计算题

1. $1.27×10^5$ Pa 2. 10.336 m 3. 93.1 L 4. $2×10^3$ J,增加

本章自测题 B

一、填空题

1. 0.2～10 2. $1×10^5$ Pa 3. $3×10^5$,不变 4. 0,$5.0×10^2$ 5. 升高,增大 6.(1)弓的弹性势能转换形式,转移到箭上,成为箭的动能；(2)宇宙飞船的机械能转换成了内能(飞船与空气摩擦生热),其中一部分内能留在飞船上(主要分布在外壳上),另一部分内能传递给了空气

二、选择题

1. B 2. C

三、计算与思考题

1. 5 cm *2. 分装成60瓶 3. 略

期末测试题 A

一、判断题

1. √ 2. × 3. √ 4. × 5. × 6. √ 7. √ 8. × 9. × 10. √

二、选择题

1. D 2. B 3. B 4. D 5. C 6. A 7. C 8. A 9. B 10. D

三、填空题

1. $2.25×10^8$ m/s,1.5 2. 606.2,350 3. 4 m/s,2 m 4. 自由落体,平抛 5. 2.5 kg,4 m/s² 6. 200 J,200 J 7. 31.4 rad/s,3.14 m/s 8. 16 N,8 m/s² 9. 0.5 s,2 Hz

10. 1.5×10^8 J,0

四、计算与思考题

1. 4 m   2. 5.7 m   3. 8 J   4. 320.4 N

期末测试题 B

一、判断题

1. ×   2. ×   3. √   4. ×   5. ×   6. ×   7. √   8. √   9. √   10. √

二、选择题

1. D   2. A   3. C   4. B   5. C   6. A   7. B   8. C   9. C   10. B

三、填空题

1. 虚焦点,凹   2. 60 N,80 N   3. 19.6 m/s,19.6 m   4. 减速,加速   5. 1 N   6. 7.2×10^4 J,40 W   7. 2 Hz,12.56 rad/s,12.56 m/s,158 m/s²   8. 5,0.5 s,2 Hz   9. 增加,10 J

四、计算题

1. 50 m/s,另一块弹片运动方向与原来运动方向相反   2. 3 m/s   3. 73.5 J   4. 2 N   5. 7 600 N